Flachdächer – einfach und sicher

Flachdächer
einfach und sicher

Konstruktion und Ausführung
von Flachdächern aus Beton
ohne besondere Dichtungsschicht

G. Lohmeyer

Beton-Verlag GmbH

CIP-Kurztitelaufnahme der Deutschen Bibliothek

Lohmeyer, Gottfried C. O.:
Flachdächer – einfach und sicher: Konstruktion
u. Ausführung von Flachdächern aus Beton ohne
besondere Dichtungsschicht / G. Lohmeyer. –
Düsseldorf: Beton-Verlag, 1982.
ISBN 3-7640-0163-1

© by Beton-Verlag GmbH, Düsseldorf, 1982
Satz/Druck/Verarbeitung: Boss-Druck, Kleve
Reproduktionen: Loose-Durach, Remscheid;
          K. Urlichs, Düsseldorf

Vorwort

Flachdächer werden sehr unterschiedlichen Beanspruchungen ausgesetzt: Sonne, Wind, Regen, Schnee und Eis. Diese Witterungseinflüsse wirken bei Flachdächern stärker als bei geneigten Dächern. Übliche Flachdächer haben einen recht komplizierten Schichtenaufbau. Diese Dächer können nur bei günstigem Wetter fachgerecht ausgeführt werden. Die erforderliche trockene Witterung herrscht häufig nicht lange genug. Leicht entstehen daher an Flachdächern lästige Bauschäden.

Diese Einflüsse führten zwangsläufig zu Überlegungen, Flachdächer aus möglichst wenigen Schichten herzustellen. Gesucht wurde ein Baustoff, der auch bei nicht idealer Witterung verarbeitet werden kann. Beton bietet diese Möglichkeiten. Seit nunmehr 20 Jahren werden Flachdächer aus wasserundurchlässigem Beton als sogenannte „Sperrbetondächer" hergestellt. Aber auch bei diesen Dächern blieben Schäden nicht aus; sie entstanden oft im darunterliegenden Mauerwerk. In der Zwischenzeit konnten viele Erfahrungen gesammelt werden. Man weiß, daß auf die Lagerung dieser Dächer besonderer Wert zu legen ist.

Heute gehören Flachdächer aus Beton zum Baugeschehen; sie sind anerkannte Konstruktionen und sind „Stand der Technik". Mehrere Spezialfirmen befassen sich ausschließlich mit der Ausführung von Flachdächern aus Beton. Es werden Dächer mit unterseitiger Wärmedämmschicht und solche mit oberseitiger Dämmung hergestellt. Dieses sind Konstruktionen, die sich inzwischen bei vielen tausend Quadratmetern bewährt haben und sich schadensfrei verhalten. Aber die Entwicklung geht weiter. So wird beispielsweise abzuwarten sein, wie sich Flachdächer mit Kerndämmung bewähren werden.

Die nachstehenden Erläuterungen mögen dazu dienen, Architekten und Ingenieure zur Planung von Flachdächern aus Beton anzuregen. Sie sollen aber auch die am Bau Schaffenden in die Lage versetzen, diese Dächer fachgerecht auszuführen. Es werden in zusammenfassender Weise alle wesentlichen Punkte beschrieben, die beim Planen und Ausführen von Flachdächern aus Beton zu beachten sind.

Für die vorliegende Arbeit wurde umfangreiches Informationsmaterial zur Verfügung gestellt, waren viele Gespräche und Diskussionen nötig. Besonders gedankt sei hierfür den Herren Gerd-Dieter Behrendt, Eberhard Hermann, Rolf Soller, Klaus Stemmer. Ohne ihre Hilfe hätte diese Arbeit nicht durchgeführt werden können. Dank verdient auch der Verlag, der sich zur Herausgabe dieser Broschüre entschlossen hat.

Kritiken und Verbesserungsvorschläge werden dankbar begrüßt.

Hannover, Dezember 1981   Gottfried Lohmeyer

Inhaltsverzeichnis

1.	Einführung	11
2.	Beanspruchung der Flachdächer	15
3.	Vorschriften und Richtlinien	16

Teil I: Flachdächer aus Beton mit unterseitiger Wärmedämmung

4.	Konstruktion innengedämmter Dächer	17
4.1	Ringanker	18
4.2	Gleitlager	19
4.3	Festhaltebereich	19
4.4	Wärmedämmschicht	21
4.5	Betondachdecke	21
4.6	Randaufkantung	25
4.7	Dachrandabschluß	25
4.8	Fugen	26
4.9	Anschlüsse	28
4.10	Öffnungen	30
4.11	Rohrdurchführungen, Abläufe usw.	31
4.12	Kiesschicht	32
4.13	Beläge für genutzte Dächer	33
4.14	Bepflanzte Dächer	35
5.	Ausführung innengedämmter Dächer	37
5.1	Arbeiten vor dem Betonieren	38
5.1.1	Deckenauflager	38
5.1.2	Deckenschalung	39
5.1.3	Gleitlager	39
5.1.4	Wärmedämmplatten	40
5.1.5	Bewehrung	41
5.1.6	Aufkantung	42
5.1.7	Einbauteile	43
5.1.8	Abziehlehren	44
5.2	Betonieren der Dachdecke	45
5.2.1	Betonzusammensetzung	46
5.2.2	Bestellen des Betons	46
5.2.3	Einmischen von Zusatzmitteln	48
5.2.4	Betoniervorgang	48
5.2.5	Nacharbeiten	50
5.2.6	Nachverdichtung	50
5.2.7	Nachbehandlung	51

5.2.8	Ausschalen	52
5.3	Prüfen des Betons	52
5.3.1	Eignungsprüfungen	52
5.3.2	Güteprüfung	53
5.3.3	Dichtigkeitsprüfung	53
5.4	Fertigstellung des Daches	54
5.4.1	Dachaufbauten	54
5.4.2	Entwässerung	54
5.4.3	Fugenabdichtung	54
5.4.4	Kiesschüttung	54
5.4.5	Putz oder Deckenverkleidung	54
6.	**Bemessung innengedämmter Dächer**	57
6.1	Tragverhalten	57
6.1.1	Längsverformungen	57
6.1.2	Biegeverformungen	60
6.2	Wärmeschutz	61
6.2.1	Stationärer Wärmedurchgang (Winter)	61
6.2.2	Instationärer Wärmedurchgang (Sommer)	63
6.3	Feuchteschutz	66
6.3.1	Wasserundurchlässigkeit	66
6.3.2	Wasserdampfdiffusion	66
6.3.3	Tauwasserbildung	68
6.4	Schallschutz	72
6.4.1	Luftschallschutz innerhalb des Gebäudes	72
6.4.2	Schutz gegen Außenlärm	73
6.4.3	Trittschallschutz bei begehbaren Dächern	74
6.5	Brandschutz	74
6.5.1	Stahlbetondecke	75
6.5.2	Deckenbekleidung	75
6.5.3	Wärmedämmschicht	76
6.5.4	Brandschutztechnisches Verhalten	76
7.	**Zusammenfassung für innengedämmte Dächer**	77
7.1	Stichworte für die Planung	78
7.2	Stichworte für die Ausführung	79

Teil II: Flachdächer aus Beton mit oberseitiger Wärmedämmung

8.	**Konstruktion außengedämmter Dächer**	81
8.1	Ringanker	81
8.2	Deckenauflager	81
8.3	Betondachdecke	83
8.4	Randaufkantung	84
8.5	Wärmedämmschicht	84
8.6	Dachrandabschluß	85
8.7	Fugen	87
8.8	Anschlüsse	88

8.9	Öffnungen, Rohrdurchführungen, Abläufe usw.	89
8.10	Kiesschicht	90
8.11	Betonplattenbelag	90
9.	**Ausführung außengedämmter Dächer**	**91**
9.1	Arbeiten vor dem Betonieren	91
9.1.1	Deckenauflager und Gleitlager	91
9.1.2	Deckenschalung oder Deckenelemente	91
9.1.3	Bewehrung	92
9.1.4	Aufkantung	92
9.1.5	Abziehlehren	92
9.2	Betonieren der Dachdecke	93
9.2.1	Betonzusammensetzung	93
9.2.2	Bestellen des Betons	93
9.2.3	Einmischen der Zusatzmittel	93
9.2.4	Betoniervorgang	94
9.2.5	Nacharbeiten	94
9.2.6	Nachverdichtung	95
9.2.7	Nachbehandlung	95
9.2.8	Ausschalen	95
9.3	Prüfen des Betons	96
9.3.1	Eignungsprüfungen	96
9.3.2	Güteprüfung	96
9.3.3	Dichtigkeitsprüfung	97
9.4	Fertigstellung des Daches	97
9.4.1	Dachaufbauten	97
9.4.2	Entwässerung	97
9.4.3	Fugenabdichtung	97
9.4.4	Wärmedämmplatten	98
9.4.5	Kiesschüttung	98
9.4.6	Dachrandabschluß	98
9.4.7	Putz oder Deckenverkleidung	98
10.	**Bemessung außengedämmter Dächer**	**100**
10.1	Tragverhalten	100
10.1.1	Längsverformungen	100
10.1.2	Biegeverformungen	100
10.2	Wärmeschutz	100
10.2.1	Stationärer Wärmedurchgang (Winter)	101
10.2.2	Instationärer Wärmedurchgang (Sommer)	101
10.3	Feuchteschutz	104
10.3.1	Wasserundurchlässigkeit	104
10.3.2	Wasserdampfdiffusion	104
10.3.3	Tauwasserbildung	104
10.4	Schallschutz	104
10.5	Brandschutz	104
11.	**Zusammenfassung für außengedämmte Dächer**	**105**
11.1	Stichworte für die Planung	105
11.2	Stichworte für die Ausführung	106

Teil III: Anhang

12.	Leistungsbeschreibung für Flachdächer aus Beton	107
13.	Schrifttum	112
14.	Sachwortverzeichnis	114

1. Einführung

Flachdächer aus Beton ohne besondere Dichtungsschicht unterscheiden sich von Flachdächern herkömmlicher Bauart: Die Dachdecke wird aus wasserundurchlässigem Beton hergestellt; sie übernimmt damit außer der tragenden Funktion auch noch die Abdichtung des Daches. Vielfach werden diese Dächer als „Sperrbetondächer" bezeichnet. Die übliche hautförmige Dachabdichtung ist hier also überflüssig. Damit entfallen viele Probleme, die eine Dichtungshaut mit sich bringt.

Betonflachdächer mit unterseitiger Wärmedämmschicht werden seit 1961 hergestellt. Sie entsprechen heute dem Stand der Technik. Die Wärmedämmschicht begrenzt den Wärmedurchgang. Damit können die langfristigen, jahreszeitlichen Temperaturschwankungen aufgenommen werden. Gegen kurzfristige tageszeitliche Temperaturdifferenzen wirkt eine hohlraumreiche Kiesschicht auf der Betondachdecke als thermische Pufferschicht. Die Temperaturbeanspruchung der Dachkonstruktion wird somit sehr begrenzt. Die entstehenden Temperaturdehnungen der Betondecke werden von Gleitlagern gestattet. Zwängungen treten nicht auf, Risse werden damit vermieden.

Für Wohngebäude und vergleichbare Bauten mit normalen raumklimatischen Bedingungen spielt die Wasserdampfbeanspruchung der Dachkonstruktion keine Rolle. Eine Dampfsperre ist bei einem Flachdach aus Beton also nicht erforderlich. Die Dampfdiffusion kann stattfinden, sie wird nicht durch eine Dichtungshaut oder einen Dichtungsanstrich behindert.

Betonflächen mit unterseitiger Wärmedämmung bestehen lediglich aus drei Schichten (von oben nach unten):

☐ Oberflächenschutz aus Kies,
☐ Dachdecke aus Stahlbeton,
☐ Wärmedämmschicht aus Polystyrol.

Solche Betonflachdächer werden als einschalige Dächer bezeichnet. Sie weisen eine geringere Anzahl von Schichten als herkömmliche Dächer auf (Bild 1 bis 3). Der Vorteil der Flachdächer aus Beton wird dadurch besonders deutlich.

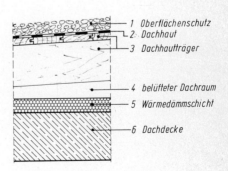

Bild 1: Beispiel für ein zweischaliges belüftetes Dach herkömmlicher Bauart (6 Schichten) [12]

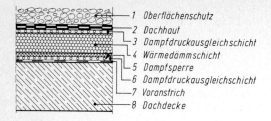

Bild 2: Beispiel für ein einschaliges, nichtbelüftetes Dach herkömmlicher Bauart (8 Schichten)

1 Oberflächenschutz
2 Dachhaut
3 Dampfdruckausgleichschicht
4 Wärmedämmschicht
5 Dampfsperre
6 Dampfdruckausgleichschicht
7 Voranstrich
8 Dachdecke

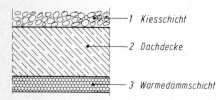

1 Kiesschicht
2 Dachdecke
3 Wärmedämmschicht

Bild 3: Beispiel für ein Betonflachdach mit unterseitiger Dämmschicht (einschalig, 3 Schichten)

Dächer mit Nutzung der Dachfläche (begehbare, befahrbare oder bepflanzte Dächer) sind in herkömmlicher Bauweise schwierig herzustellen. Sie sind mit hautförmigen Dachabdichtungen besonders vielschichtig aufgebaut und daher kompliziert. Mit einer Dachdecke aus wasserundurchlässigem Beton wird die Gesamtkonstruktion stark vereinfacht. Die Bilder 4 und 5 zeigen in der Gegenüberstellung die Einfachheit der Betonbauweise. Außerdem kann durch Dacharbeiten oder durch Wurzelwachstum nichts beschädigt werden.

Da der Bedarf an Parkflächen und der Wunsch nach Freiflächen stets größer wird, kommt einer Nutzung der Dachfläche stärkere Bedeutung zu als bisher. Diese Entwicklung ist bedingt durch die verdichtete Bauweise im Wohnungsbau einerseits und durch

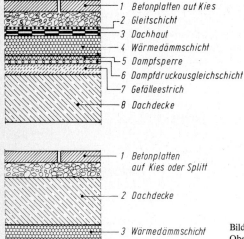

1 Betonplatten auf Kies
2 Gleitschicht
3 Dachhaut
4 Wärmedämmschicht
5 Dampfsperre
6 Dampfdruckausgleichschicht
7 Gefälleestrich
8 Dachdecke

Bild 4: Beispiel für ein Dach mit genutzter Oberfläche in herkömmlicher Bauweise (8 Schichten)

1 Betonplatten
 auf Kies oder Splitt
2 Dachdecke
3 Wärmedämmschicht

Bild 5: Beispiel für ein Betonflachdach mit genutzter Oberfläche (3 Schichten)

den Verlust an Grünflächen andererseits. Flachdächer aus Beton sind für eine Nutzung sehr gut geeignet; sei es als begehbare oder befahrbare Fläche oder sei es als bepflanzte Fläche zur Begrünung der Umwelt und zur Schaffung zusätzlicher Freiflächen für die Erholung.

Betonflachdächer mit oberseitiger Wärmedämmschicht sind ebenfalls ohne zusätzliche Dichtungshaut ausführbar. Sie werden erst seit einigen Jahren hergestellt, entsprechen aber mittlerweile ebenfalls dem Stand der Technik. Die Wärmedämmschicht liegt hier auf der „nassen Seite"; sinngemäß wie beim Umkehrdach (Bild 6 und 7).

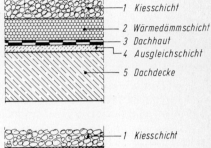

Bild 6: Beispiel für ein Umkehrdach mit Dachhaut

1 Kiesschicht
2 Wärmedämmschicht
3 Dachhaut
4 Ausgleichschicht
5 Dachdecke

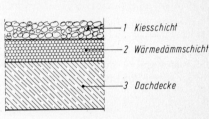

Bild 7: Beispiel für ein Betonflachdach mit oberseitiger Dämmschicht

1 Kiesschicht
2 Wärmedämmschicht
3 Dachdecke

Für das Wärmedämmsystem „Umkehrdach" wurde vom Institut für Bautechnik in Berlin ein Zulassungsbescheid erteilt. Damit ist diese Bauweise allgemein bauaufsichtlich und baurechtlich zugelassen.

Es muß ein Dämmaterial verwendet werden, das keine oder nur wenig Feuchte aufnimmt, damit die Dämmwirkung möglichst nicht verschlechtert wird. Auch diese Dächer bestehen nur aus drei Schichten, und zwar in der Reihenfolge von oben nach unten:

☐ Oberflächenschutz,
☐ Wärmedämmschicht,
☐ Stahlbetondecke.

Es handelt sich auch hier um eine einfache Konstruktion. Die Detailpunkte (Auskragungen, Anschlüsse, Durchführung von Rohren usw.) sind wesentlich leichter zu lösen, als bei herkömmlichen Flachdächern. Dies gilt nicht nur für die Festlegung der Konstruktion, sondern vor allem für die praktische Ausführung. Ein großer Vorteil des Betonflachdaches mit oberseitiger Dämmschicht ist die Wärmespeicherfähigkeit der Betondecke, die hier voll zur Verfügung steht. Bei freier Sonneneinstrahlung durch große Fensterflächen kann die Massivdecke für eine Stabilisierung der Raumtemperatur sorgen.

Alle Betonflachdächer, ob sie nun eine unterseitige oder eine oberseitige Wärmedämmschicht erhalten, ob die Dachfläche genutzt wird oder nicht (Dachgarten, Dachterrasse), sind robuste und sichere Konstruktionen. Sie sind in ihrem Schichtenaufbau einfach, deswegen können Ausführungsmängel gering gehalten werden. Entstehen dennoch Undichtigkeiten, lassen sie sich mit vergleichsweise geringem Aufwand sicher abdichten.

Der Planer muß die technischen Probleme lösen. Dies ist eine schwierige Aufgabe. Die Ausführbarkeit ist das andere Problem, das zu bedenken ist; zumal bei fehlendem Fachpersonal auf der Baustelle.

Bei der recht komplexen Aufgabe sind mehrere Einflüsse zu beachten.

☐ Gestaltung und Formgebung,

☐ Funktionsfähigkeit,

☐ bauphysikalisches Verhalten,

☐ Ausführbarkeit,

☐ Kosten,

☐ Wünsche des Bauherrn.

Insgesamt betrachtet bieten hier Betonflachdächer im Vergleich zu anderen Lösungen erhebliche Vorteile. Diese sind bisher weder im Planungs- und Konstruktionsbüro, noch in der Praxis voll erkannt und genutzt worden.

Einige Spezialfirmen, die sich seit Jahren mit dem Bau von Betonflachdächern befassen, haben umfangreiche Erfahrungen gesammelt. Dieser Erfahrungsschatz sollte genutzt werden. Vor zu viel Optimismus bei fehlenden Erfahrungen muß gewarnt werden. Es ist daher dringend zu empfehlen, schon zur Planung von Flachdächern aus Beton die Fachberater dieser Firmen hinzuzuziehen.

2. Beanspruchung der Flachdächer

Flachdächer werden recht vielseitig beansprucht. Die Beanspruchung ergibt sich aus einer Summe von Einflüssen:

- ☐ ständige Last (Eigenlast, Begrünung);
- ☐ Verkehrslasten (Gehverkehr, Fahrverkehr, Schnee, Wind);
- ☐ Schwinden und Kriechen;
- ☐ Temperaturdifferenzen (Sommer, Winter, Tag, Nacht);
- ☐ Niederschläge (Regen, Schnee, Eis);
- ☐ Dampf (Nutzungsfeuchte);
- ☐ Schall (Straßen-, Bahn- und Luftverkehr);
- ☐ Brand (Innenraum, Nachbargebäude).

Flachdächer aus Beton sind diesen Beanspruchungen gewachsen. Dennoch müssen einige Dinge beim Planen, Konstruieren und Ausführen eines Betonflachdachs beachtet werden. Nachstehende Mängel sind zu vermeiden:

- ☐ zu große Durchbiegungen durch Überlastung, Schwinden, Kriechen;
- ☐ zu große Längenänderungen bei ungünstiger Lagerung;
- ☐ Undichtheiten bei Rissen, Fehlstellen, Aussparungen, Anschlüssen;
- ☐ Wärmebrücken bei Anschlüssen und Durchführungen.

3. Vorschriften und Richtlinien

Oft ergibt sich für den planenden Architekten und konstruierenden Ingenieur die Frage, inwieweit eine Flachdachkonstruktion den „Regeln der Technik" entspricht oder wie sie nach dem „Stand der Technik" ausgeführt wird.

Beim Bau von Flachdächern aus Beton sind bestimmte Vorschriften zu beachten. Sie sind als Angaben in der jeweiligen Landesbauordnung zu finden, in verschiedenen DIN-Normen und in Merkblättern oder Richtlinien (siehe Abschnitt Schrifttum [1 bis 13]. Diese Vorschriften enthalten die „Regeln der Technik", nach denen konstruiert und gebaut werden muß.

In DIN 1045 steht unter anderem in Abschnitt 14.4.1: „Bei Stahlbetondächern und anderen durch ähnliche Temperaturänderungen beanspruchten Bauteilen empfiehlt es sich, die hier besonders großen temperaturbedingten Längenänderungen zu verkleinern ... Die Wirkung der verbleibenden Längenänderungen auf die unterstützenden Teile kann durch bauliche Maßnahmen abgemindert werden, z. B. durch möglichst kleinen Abstand der Bewegungsfugen, durch Gleitlager oder Pendelstützen. Liegt ein Stahlbetondach auf gemauerten Wänden oder auf unbewehrten Betonwänden, so sollen unter seinen Auflagern Gleitschichten und zur Aufnahme der verbleibenden Reibungskräfte Stahlbetonringanker am oberen Ende der Wände angeordnet werden, um Risse in den Wänden möglichst zu vermeiden".

Ergänzend zu diesen Normen und anderen Vorschriften sind in den letzten Jahren verschiedene Fachaufsätze erschienen, die die Betonflachdächer behandeln. Sie geben den „Stand der Technik" wieder [19 bis 50].

Flachdächer aus Beton wurden unter anderem vom Institut für Bauphysik in Stuttgart untersucht. Das Institut für Bautechnik in Berlin hat für bestimmte Flachdachtypen Zulassungsbescheide erteilt. Gegen die Ausführung von Flachdächern aus Beton mit unterseitiger oder oberseitiger Wärmedämmung bestehen keine Bedenken. Sie entsprechen dem „Stand der Technik". Verschiedene Konstruktions- und Ausführungsregeln sind zu beachten. Sie werden im folgenden erläutert.

Im folgenden Teil I sollen zuerst Flachdächer aus Beton mit *unterseitiger* Wärmedämmung beschrieben werden.

Im Teil II werden dann Flachdächer aus Beton mit *oberseitiger* Wärmedämmung behandelt.

Teil I: Flachdächer aus Beton mit unterseitiger Wärmedämmung

4. Konstruktion innengedämmter Dächer

Ein Betonflachdach ohne zusätzliche Dachabdichtung kann stets dort geplant werden, wo eine ebene oder gering geneigte einschalige Dachkonstruktion vorgesehen ist.
In den folgenden Abschnitten sind die Bedingungen genannt, die erfüllt sein müssen.
Dächer mit unterseitiger Wärmedämmung werden auch kurz als „Dächer mit Innendämmung" bezeichnet. Sie bestehen aus drei Schichten von oben nach unten (Bild 8):

☐ Kiesschicht als Oberflächenschutz

☐ Stahlbetondachdecke

☐ Wärmedämmschicht aus Polystyrol-Hartschaum

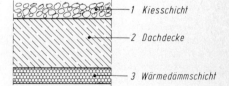

Bild 8: Beispiel für ein Betonflachdach mit unterseitiger Dämmschicht (einschalig, 3 Schichten)

Dächer mit *unterseitiger* Dämmung stehen scheinbar im Widerspruch zu verschiedenen Normen, z. B. DIN 4108 „Wärmeschutz im Hochbau" oder Vornorm DIN 18 530 „Massive Deckenkonstruktionen für Dächer". Danach soll die Wärmedämmschicht oberseitig angeordnet sein. Diese Forderung ist für herkömmliche Dächer durchaus richtig; sie ist aber nicht berechtigt bei Stahlbeton-Dachdecken, die auf Gleitlagern gleiten können.

In DIN 18 530 heißt es zu Dächern mit *oberseitiger* Dämmung in Abschnitt 6: „Die Rissegefahr ist bei Nichtbeachtung der Ausführungssorgfalt besonders groß ... Ist im Sommer mit mehrstündiger Sonneneinstrahlung auf eine erhärtete Dachdecke zu rechnen bevor die endgültige Wärmedämmung aufgebracht wird, so soll die Erwärmung der Dachdecke durch provisorisch aufgelegte Dämmplatten oder -matten verhindert werden ... Im Winter muß die Dachdecke eines Rohbaues, wenn sie fest aufgelagert ist, mit Dämmplatten oder -matten provisorisch abgedeckt werden, die zusätzlich gegen eindringendes Wasser zu schützen sind. Ferner muß der Bau ausreichend beheizt werden; ein Wärmestau unter der Decke ist zu vermeiden."

Diese ausführungstechnisch schwierigen und zum Teil unpraktischen Maßnahmen sind bei Dächern mit Gleitlagern nicht erforderlich. Die unterseitige Dämmschicht wird auf der Schalung verlegt und beim Betonieren der Dachdecke mit anbetoniert. Das Dach ist vom

Zeitpunkt der Herstellung an richtig gelagert und gedämmt. Temperaturschwankungen während des Bauzustands verursachen keine Risse. Die Bauzeit ist keine Risikophase.

Die einzelnen Konstruktionselemente werden im folgenden beschrieben.

4.1 Ringanker

Unterhalb der eigentlichen Dachkonstruktion muß auf allen tragenden Wänden ein Ringanker liegen. Dieser Ringanker ist ein durchgehender Stahlbetonbalken. Er übernimmt die lotrechten und waagerechten Kräfte der Dachdecke aus den Gleitlagern und leitet sie in das Mauerwerk weiter. Der Ringanker hat eine lastverteilende Wirkung und dient zur Aussteifung des Mauerwerks. Dadurch werden Risse vermieden. Er kann nur bei Stahlbetonwänden entfallen, aber dann ist am Wandkopf eine konstruktive Ringankerbewehrung erforderlich.

In der Mauerwerksnorm DIN 1053 wird für jede Geschoßdecke oder unmittelbar darunter ein Ringanker verlangt. Bei Dachdecken sind die Anforderungen jedoch weitergehender. Hier muß mit größeren Bewegungen durch Temperatureinflüsse gerechnet werden.

Der Ringanker wird direkt auf das Mauerwerk betoniert und soll sich mit diesem verzahnen. Zweckmäßig ist eine Höhe von 10 bis 15 cm (evtl. eine Mauersteinschicht hoch). Die Breite reicht über die gesamte Wandbreite abzüglich der erforderlichen Wärmedämmschichten. Als Längsbewehrung sind 4⌀12 III zu empfehlen, wenn nicht ein statischer Nachweis eine stärkere Bewehrung erfordert. Als Bügel sollten 5⌀8 III/m verwendet werden.

An Ringankern ist stets eine seitliche Wärmedämmschicht anzuordnen und zwar außen. Dadurch werden die Längenänderungen des Ringankers beim Erwärmen niedrig gehalten. Schubrisse, die durch Bewegungen des Ringankers auf dem Mauerwerk entstehen könnten, werden damit vermieden. Wärmebrücken werden verhindert, wenn die Wärmedämmschicht so dick ist, daß die Wärmeleitfähigkeit im Bereich des Ringankers nicht größer als im Wandbereich und die Wärmedämmschicht der Dachdecke auch über dem Ringanker bis nach außen durchgezogen wird (Bild 9). Eine innenseitige Dämmung des Ringankers erhöht das Rißrisiko. Außerdem wird die Übertragung von Raumschall in

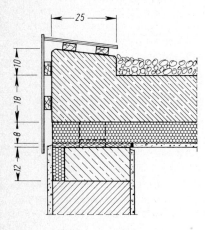

Bild 9: Ringanker mit Außendämmung auf Mauerwerk [34]
(Werkzeichnung: riluform)

Nachbarräume verstärkt. Dies ist besonders dann der Fall, wenn auf der Dämmung eine starke Putzschicht aufgebracht wird; besser ist ein dünner Gipshaftputz.

4.2 Gleitlager

Ein Betonflachdach kann nur einwandfrei funktionieren, wenn es zwangfrei gelagert ist. Dafür ist eine konsequente Trennung von Unterkonstruktion und Dachdecke erforderlich. Zwischen Ringanker und Betondecke werden daher Gleitlager angeordnet. Diese können zwar die Reibungskräfte in der Auflagerung nicht vollständig aufheben, wohl aber stark verringern.

Damit eine einwandfreie Trennung erfolgt, wird auf dem Ringanker über allen tragenden Wänden zunächst eine kaschierte Schaumstoffbahn verlegt, die oberseitig mit einer Abdeckfolie versehen ist. Sie ist etwa 5 bis 10 mm dick und besitzt in 1 m großen Abständen jeweils Aussparungen für die Gleitlager. Zusätzliche Aussparungen können eingestanzt werden, wenn es die statischen Verhältnisse für engere Lagerabstände erfordern, z. B. bei Auflagern von Überzügen, Blindbalken usw. In die Aussparungen werden die Punktgleitlager (rund oder rechteckig) eingesetzt. Die Wärmedämmschicht wird an dieser Stelle ebenfalls ausgebohrt bzw. ausgestanzt. Die Betondecke liegt dann stelzenartig auf den Gleitlagern auf (Bild 10). Verdrehungen und Verformungen der Betondecke können ohne weiteres aufgenommen werden, Kantenpressungen entstehen nicht.

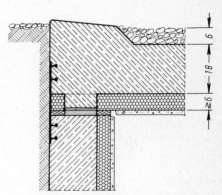

Bild 10: Wärmedämmschicht unter der Stahlbetondecke mit punktförmiger Ausbohrung für das Gleitlager [34]

Die zulässige Belastung eines Punktgleitlagers beträgt je nach Fabrikat 30 bis 100 kN. Die maximale Pressung im Gleitlager kann 5 N/mm² sein. Der Reibungsbeiwert beträgt etwa $\mu = 0{,}10$ (große Auflast) bis $\mu = 0{,}25$ (geringe Auflast) [34, 48].

4.3 Festhaltebereich

Da die Betondachdecke beweglich auf Gleitlagern aufliegt, ist ein Bereich der Dachfläche unverschieblich auszubilden; dieser Festhaltebereich soll die Lage der Decke sichern. Das ist für die Steuerung der Bewegungen bei Temperaturdifferenzen erforderlich. In diesem Bereich wird also für eine Verbindung zwischen Unterkonstruktion und Dachdecke gesorgt.

Im Kopf von Betonwänden oder im Ringanker werden in Abständen von 50 bis 100 cm etwa 20 cm lange Rundstähle ⌀25 mm als Dübel oder Anker lotrecht etwa 10 cm tief einbetoniert. Der obere Teil der Dübel ragt in die Betondecke, so daß eine gute Verankerung entsteht (Bild 11). Die kaschierte Schaumstoffbahn läuft im Festhaltebereich wie bei Gleitlagern durch.

Der Festhaltebereich sollte eine Größe von 3 m × 3 m nicht überschreiten und möglichst im Flächenschwerpunkt der Dachdecke liegen. Die Entfernung jeder Ecke der Dachdecke vom Festhaltebereich soll nicht größer als 15 m sein.

Eine Dachdecke, die an aufgehende Bauteile anschließt, kann an diesem Anschluß festgelegt werden. Das bietet konstruktive Vorteile. Dabei ist jedoch wichtig, daß die gegenüberliegende, beweglich gelagerte Seite nicht zu weit entfernt ist (≤ 15 m).

Festhaltebereiche brauchen eine genügend große Auflast. Die Unterkonstruktion muß schubfest sein. Schornsteine dürfen nicht als Festpunkte ausgebildet werden. Die horizontalen Kräfte können hier nicht aufgenommen werden. Das gilt auch für andere Dachdurchdringungen.

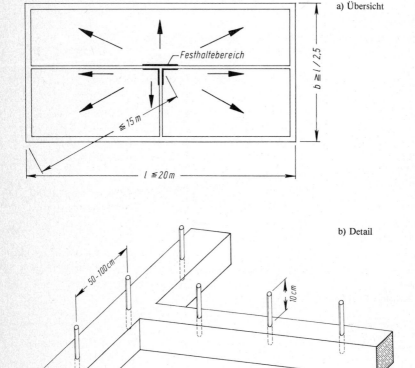

Bild 11: Rundstahldübel im Bereich des Festhaltebereichs für die Sicherung der Deckenlage

4.4 Wärmedämmschicht

Die Wärmedämmschicht soll den Wärmedurchgang durch die Dachkonstruktion begrenzen. Die Hauptaufgabe liegt darin, die langfristigen jahreszeitlichen Temperaturschwankungen aufzufangen. Beim Anordnen der Wärmedämmschicht unter der Betondachdecke kann man die Detailpunkte (z. B. Dachabschluß, Auskragungen, Dachgully, Durchführungen von Rohrleitungen u. ä.) auf recht einfache Weise ohne Wärmebrücken lösen.

Das Dämmaterial soll fest genug sein, damit es nach dem Verlegen bis zum Abschluß der Betonarbeiten begangen werden kann. Es eignen sich hierzu Polystyrol-Hartschaumplatten DIN 18164 PS-WD-030-B1 als Automatenplatten mit einer Wärmeleitfähigkeit von $\lambda_R = 0{,}041$ W/(m · K) und einer Wasserdampf-Diffusionswiderstandszahl von $\mu = 40/100$.

Die Wärmedämmschicht soll mindestens 6 cm dick sein (Bild 10). Damit ist bei üblichen Klimaverhältnissen der Mindest-Wärmeschutz gegeben und die Tauwasserbildung wird in zulässigen Grenzen gehalten. Für einen erhöhten oder wirtschaftlich optimalen Wärmeschutz sind dickere Dämmschichten erforderlich. Sie sind ebenfalls problemlos und ausführungsmäßig leicht einzubauen (s. Abschnitt 6.2.1).

Polystyrol-Extruderschaumplatten haben eine noch geringere Wärmeleitfähigkeit von $\lambda_R = 0{,}035$ W/(m · K) und eine größere Wasserdampf-Diffusionswiderstandszahl von $\mu = 80/300$.

Wegen des Brandschutzes sollte nur schwerentflammbares Dämmaterial der Baustoffklasse B1 nach DIN 4102 verwendet werden.

Bei Brandwänden, Wohnungstrennwänden und Treppenhauswänden muß wegen des Brandschutzes ein mindestens 14 cm breiter Streifen aus nicht brennbarem Dämmaterial verlegt werden. Hierzu eignet sich Schaumglas (Bild 12), für Wohnungstrennwände wegen des Schallschutzes jedoch am besten Mineralwolldämmung.

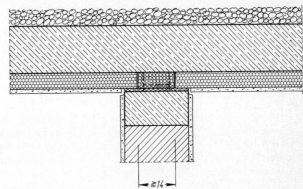

Bild 12: Schaumglasstreifen bei Brandwänden 14 cm breit

4.5 Betondachdecke

Für Betonflachdächer ohne zusätzliche Dachabdichtung ist wasserundurchlässiger Beton nach DIN 1045 zu verwenden.

In Abschnitt 14 DIN 1045 „Bauteile und Bauwerke mit besonderen Beanspruchungen" heißt es unter anderem: „Für Bauteile, an deren Wasserundurchlässigkeit, Frostbeständigkeit oder Widerstand gegen chemische Angriffe, mechanische Angriffe oder langandauernde Hitze besondere Anforderungen gestellt werden, ist Beton mit den in Abschnitt 6.5.7 angegebenen besonderen Eigenschaften zu verwenden."

In Abschnitt 6.5.7.2 der DIN 1045 werden die Bedingungen genannt, die bei wasserundurchlässigem Beton erfüllt werden müssen (s. Tafel 1). Die Herstellung und Verarbeitung kann unter den Bedingungen für Beton B I oder Beton B II erfolgen. Die Wassereindringtiefe e_w darf höchstens 50 mm betragen.

Tafel 1: Anforderungen an den Beton nach DIN 1045

Betoneigenschaft	Baustelle zugel. für	Sieblinienbereich	Mindestzementgehalt [kg/m³]	Wasser-Zement-Wert[1]	Zusätzliche Anforderungen
Wasserundurchlässigkeit	B I	A 16/B 16 A 32/B 32	400 350	– –	Wassereindringtiefe $e_w \leq 50$ mm
	B II	–	–	$d \leq 40$ cm: $w/z \leq 0{,}60$	
		–	–	$d > 40$ cm: $w/z \leq 0{,}70$	
Hoher Frostwiderstand	B I	A 16/B 16 A 32/B 32	400 350	– –	Zuschläge frostbeständig: $e_w \leq 50$ mm
	B II	–	–	$w/z \leq 0{,}60$	

[1] Zur Berücksichtigung von Streuungen beim Mischen des Betons ist der w/z-Wert in der Praxis um etwa 0,05 niedriger einzustellen.

Durch die gestellten Anforderungen (Zementgehalt, Wasserzementwert) ergibt sich außer der Wasserundurchlässigkeit gleichzeitig ein hoher Frostwiderstand und eine Betonfestigkeit von über 30 N/mm². Damit erhält man zwangsläufig einen Beton B 25, der statisch entsprechend ausgenutzt werden kann.

Wichtig für ein wasserdichtes Dach ist die Lösung der konstruktiven Fragen. Durch große Temperaturschwankungen entstehen erhebliche Längenänderungen der Betondecke. Diese dürfen weder in der Betondecke selbst noch in der darunterliegenden Konstruktion zu schädlichen Spannungen führen. Eine einwandfreie Lagerung auf Gleitlagern und Verformungslagern ist wichtig.

Starke Unterschiede in den Massenverhältnissen der Dachdecke sind ungünstig. Balken, die mit der Decke verbunden sind, stellen ein erhöhtes Rißrisiko dar – Plattenbalkendecken, Rippendecken oder Hohlkörperdecken sollten für Betonflachdächer mit unterseitiger Wärmedämmung nicht hergestellt werden. Das unterschiedliche Wärmespeichervermögen führt bei schneller Erwärmung und besonders bei starker Abkühlung zu Tem-

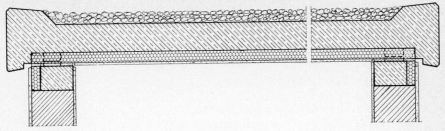

Bild 13: Wannenförmiger Querschnitt eines Stahlbetondaches [34]

peraturspannungen. Wichtig ist die Aufkantung am Deckenrand aus konstruktiven und statischen Gründen. Dadurch entsteht eine wannenförmige Ausbildung der Dachfläche (Bild 13).

Bei der konstruktiven Ausbildung der Betondachdecke sind folgende Punkte zu beachten:

- ☐ Vollbetondecke möglichst als zweiachsig gespannte Platte bemessen;
- ☐ gleichbleibende Deckendicke von mindestens 18 cm;
- ☐ bei genutzten Dachflächen die Oberfläche mit Gefälle vorsehen;
- ☐ Betondeckung der Bewehrung oben $\geq 2{,}5$ cm, unten $\geq 1{,}5$ cm;
- ☐ außer der statisch erforderlichen Bewehrung auch eine durchgehende, zweiachsige obere Bewehrung von mindestens $A_s \geq 0{,}0015\, A_b$;
- ☐ Eckbewehrung (Drillbewehrung) nach DIN 1045 Abschn. 20.1.6.4;
- ☐ Bewehrung bei Kragplatten mindestens oben und unten $A_s \geq 0{,}002\, A_b$;
- ☐ Bewehrungszulagen an einspringenden Ecken des Grundrisses diagonal oben und unten je 3 ⌀ 14 III (Bild 14a);
- ☐ Unterzüge nicht mit der Betondecke verbinden;
- ☐ keine Stahlträger in die Betondecke einbauen;
- ☐ keine Hohlkörper- oder Rippendecken;
- ☐ einwandfreie Lagerung auf Gleitlagern;
- ☐ wannenförmige Ausbildung des Betonflachdaches mit Randaufkantungen;
- ☐ nicht zu große, möglichst quadratische Flächen der einzelnen Wannen;
- ☐ Aufteilung unregelmäßiger Flächen in möglichst quadratische und rechteckige Teilflächen (Bild 14b);
- ☐ Teilflächen möglichst nicht über 400 m²;
- ☐ Seitenverhältnis möglichst nicht über 1:2,5;
- ☐ größte Länge der Betondecke 20 m (Bild 11);
- ☐ Entfernung jeder Ecke der Dachdecke vom Festhaltebereich höchstens 15 m;
- ☐ Festhaltebereich durch Stahlanker, möglichst im Flächenschwerpunkt;
- ☐ keine Aussparungen für das Einbetonieren von Bauteilen;
- ☐ Bauteile (Dachablauf, Rohrdurchführung u. ä.) sofort mit einbetonieren;
- ☐ Durchführungen von Schornsteinen u. ä. mit Aufkantung ausbilden.

a) Bewehrung bei einspringenden Ecken (siehe auch Bild 19)

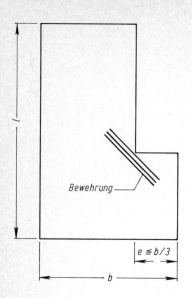

b) Dehnfugen zur Aufteilung unregelmäßiger Flächen

$l \leq 2{,}5\,b$
$l \leq 20\,m$
$l \times b \leq 400\,m^2$

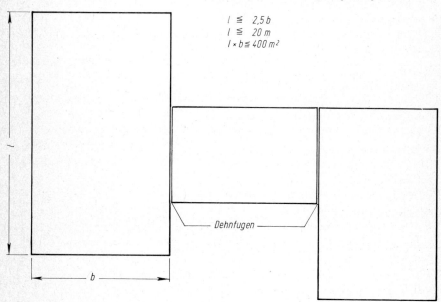

Bild 14: Zulässige Abmessungen für Stahlbetonflachdächer [45]

4.6 Randaufkantung

Zur Ausbildung eines Betonflachdaches gehört eine Randaufkantung. Durch die wannenförmige Gestaltung der Dachoberfläche bekommt die Kiesaufschüttung seitlichen Halt und stauendes Niederschlagswasser kann nicht über den Dachrand laufen. Wesentlich ist außerdem die Verbesserung der Steifigkeit der Dachdecke. Aufwölbungen der Ecken werden durch die Aufkantung vermieden. Die Breite der Aufkantung (Attika) soll im oberen Bereich mindestens 25 cm betragen. Die Höhe der Aufkantung über der Deckenoberkante soll wenigstens 10 cm betragen (Bild 9).

Die Abmessungen der Aufkantung sind außerdem abhängig von der statischen Beanspruchung. Es ist gegebenenfalls erforderlich, die Aufkantung über Wandöffnungen zu vergrößern, da sie hier als Überzug wirkt. Es sollte hierbei möglichst die Breite und nicht die Höhe vergrößert werden. Aufkantungen sind stets zu bewehren. Dazu sind mindestens 7 ∅ 12 III als Längsbewehrung erforderlich. Der Stababstand soll an den Außenflächen höchstens 10 cm betragen. Nach DIN 1045, 18.9.1 sind außerdem Bügel anzuordnen, zweckmäßig sind 5 ∅ 8 III/m.

4.7 Dachrandabschluß

Der Dachrandabschluß kann durch die normale Aufkantung gebildet werden oder durch ein Gesims, eine Auskragung oder eine Brüstung.

Bei kleinen Auskragungen bis etwa zur doppelten Deckendicke genügt zur Beschränkung der Rißweite neben der normalen Deckenbewehrung durch den Ringanker die konstruktiv übliche Randbewehrung, z. B. 2 ∅ 10 III [12].

Bei größeren Auskragungen ist entweder eine Bewehrung einzulegen, die eine Beschränkung der Rißweite auf 0,1 mm gewährleistet, oder es sind Dehnfugen im Abstand von etwa der doppelten Auskragung anzuordnen.

Auch sind spezielle Blenden oder Fertigteile einsetzbar. Auf jeden Fall muß die Gleitfuge zwischen Außenwand und Dachdecke gegen eindringendes Wasser geschützt werden. Konstruktive Maßnahmen sind sicherer als besondere Dichtungsverfahren. Bewährt haben sich Dachüberstände, Blenden oder Auskragungen. Sie sind sehr funktionssicher

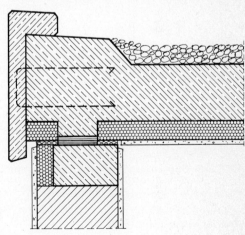

Bild 15: Fertigteilblende als Gesims zur Überdeckung der Fuge zwischen Ringanker und Dachdecke [34]

und außerdem so gut wie wartungsfrei. Kritisch hingegen sind Abdichtungen mit Fugendichtungsmassen oder Dichtungsprofilen. Die Bilder 13 bis 18 zeigen verschiedene Beispiele.

Ortbetonbrüstungen sollen mindestens 20 cm dick sein. In Abständen von höchstens 6 m sind Fugen vorzusehen, die bis auf die Aufkantung herunter reichen (Bild 16). Zum Vermeiden von Kerbrissen sind am Ende der Fugen waagerecht in die Aufkantung zusätzliche Längsbewehrungen aus 3⌀12 III einzubauen. Die Bewehrung der Ortbetonbrüstung sollte in Längsrichtung bestehen aus ⌀8 III, e = 10 bis 15 cm; lotrechte Bewehrung 5⌀8 III/m. Die obere Kante ist durch Steckbügel 5⌀8/m einzufassen, zusätzliche Längsbewehrung 2⌀12 III.

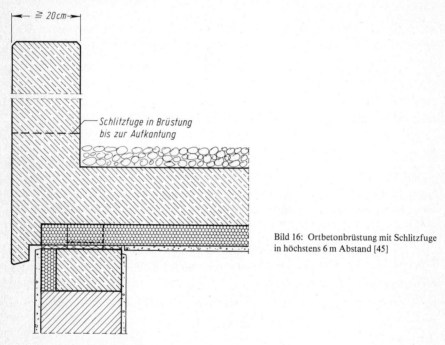

Bild 16: Ortbetonbrüstung mit Schlitzfuge in höchstens 6 m Abstand [45]

Fertigteilbrüstungen können vor dem Betonieren der Dachdecke aufgestellt und mit Ankern einbetoniert werden. Die Fertigteile sollten nicht länger als 4 m sein; sie sind mit ausreichend breiten Fugen anzusetzen (10 bis 20 mm) (Bild 17). Zur Aufnahme der Kerbspannungen sind in der Aufkantung zusätzlich 3⌀12 III einzubauen. Eine Aufkantung ist stets auszuführen.

4.8 Fugen

Die Fläche eines Daches darf nicht zu groß werden; sie ist gegebenenfalls in Teilflächen zu unterteilen (siehe Abschnitt 4.5). Dadurch entstehen Fugen. Diese Dehnfugen sind mindestens 20 mm breit auszubilden. Auch bei Bauteilen, die besonderen thermischen Beanspruchungen ausgesetzt sind, sind zusätzliche Fugen erforderlich, z. B. bei Dachüberständen, Kragplatten, Brüstungen.

Bild 17: Fertigteilbrüstung mit Verankerung im Ringanker [34]

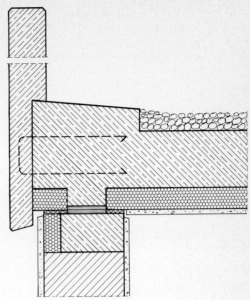

In der Dachfläche liegende Fugen sind stets durch Aufkantungen einzufassen. Diese Aufkantungen sollen mindestens 5 cm höher als die Randaufkantung liegen. Damit werden die Fugen aus der Entwässerungsebene herausgehoben und das Wasser wird von den Fugen ferngehalten. Gleichzeitig wird die Dachplatte durch die Aufkantungen gegen Verwölbungen ausgesteift. Diese Einfassung der Fuge ist auch bei Kragplatten erforderlich (Bild 18). Weiter in die Dachfläche hineinragende Schlitzfugen müssen ebenfalls durch Aufkantungen eingefaßt werden (Bild 19). Diese Schlitzfugen sind sicherer als nur diagonale Zugbewehrung (Bild 14a). Im Bereich endender Fugen (Schlitzfugen) muß die Betondecke stets durch eine zusätzliche Bewehrung gesichert werden, z. B. 2⌀12 III oben und unten.

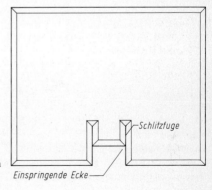

Bild 19: Grundriß mit Schlitzfugen an den einspringenden Ecken und umlaufenden Aufkantungen

27

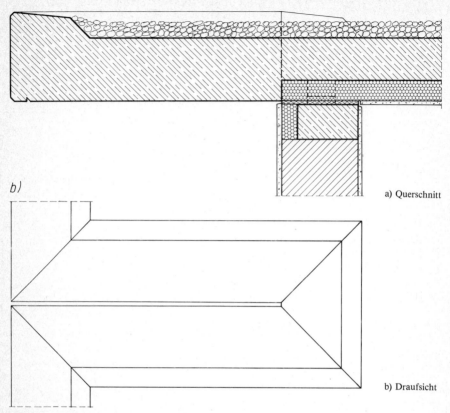

Bild 18: Aufkantung im Bereich einer Kragplatte

Die Fuge kann durch ein Fugenband gedichtet werden, das im oberen Bereich eingebaut wird (4 cm unter Oberkante). Es umfaßt die Fugeneinlage U-förmig. Als Fugeneinlage sind Mineralwoll-Dämmplatten geeignet, gegen die beim zweiten Betonierabschnitt betoniert wird. Über dem Fugenband wird ein Schaumstoffstreifen eingelegt, der die Unterlage für Fugendichtungsmasse bildet (Bild 20). Eine andere Möglichkeit der Abdichtung bietet das Überkleben durch Kunststoff-Folie mit Dehnungsschlaufe (Bild 21).

Fugen in Brüstungen u. ä. Bauteilen sollten offen bleiben.

4.9 Anschlüsse

Die Anschlüsse an aufgehende Bauteile sollten möglichst als Festhaltebereich für die Dachdecke ausgebildet werden (s. Abschnitt 4.3).

Die feste Auflagerung beim Anschluß an aufgehende Bauteile ist einfacher als eine verschiebliche (Bild 22). Eine Abdichtung mit dauerelastischer Dichtungsmasse allein genügt nicht; es ist eine Aufkantung nötig. Die Aufkantung muß mindestens 5 cm höher als

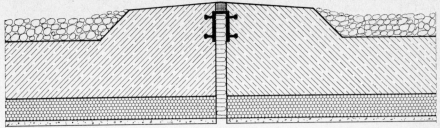

Bild 20: Fuge parallel zur Spannrichtung für die Unterteilung der Dachfläche mit Aufkantungen und Fugenband [34]

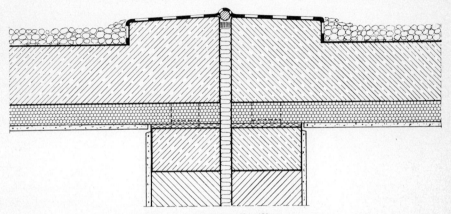

Bild 21: Fuge über Wohnungstrennwänden auf Gleitlagern [34, 48]

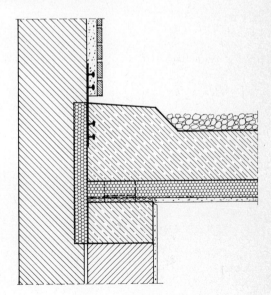

Bild 22: Anschluß eines Daches an eine aufgehende Wand [34]

am Dachrand geführt werden, damit dieser Anschluß mit Sicherheit über der wasserführenden Ebene (auch bei einem Wasserstau) liegt. Durch eine zusätzliche Sicherung mit einem Fugenprofil ist der Anschluß wirkungsvoll gesichert.

4.10 Öffnungen

Für Dachausstiege, Lichtkuppeln und Schornsteindurchführungen sind ebenfalls umlaufende Aufkantungen zu betonieren. Sie sind mindestens 5 cm über die Randaufkantung zu ziehen. Damit die Einschalarbeiten verringert werden, sind spezielle Lichtkuppeln entwickelt worden (Bild 23). Sie können auf die Deckenschalung gesetzt und mit der Dämmschicht einbetoniert werden. Für Schornsteinköpfe können Fertigteile verwendet werden, die auf die Aufkantung gesetzt einen sauberen Abschluß erlauben (Bild 24).

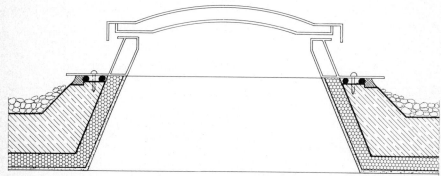

Bild 23: Lichtkuppel mit Rahmen zum Einbetonieren in der Betondachdecke [34]

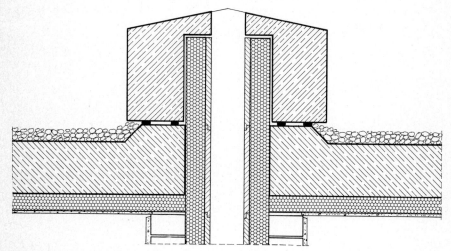

Bild 24: Schornsteinöffnung mit Aufkantung und Betonfertigteil als Schornsteinkopf [34]

Bild 28: Antennenmast mit Kabeldurchführung [34]

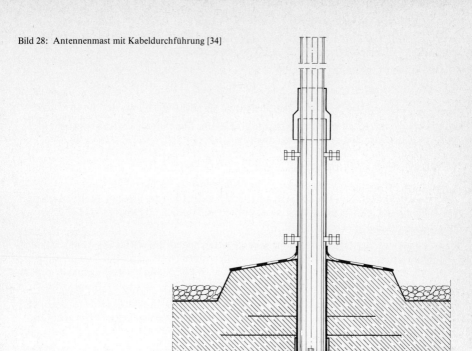

Bei plötzlichen Temperaturstürzen verläuft das Abkühlen ebenfalls entsprechend langsam. Mit gutem Recht kann man bei der Kiesschicht von einer „thermischen Pufferschicht" sprechen. Sie ist also ein wesentlicher Bestandteil der gesamten Flachdachkonstruktion.

Ein weit verbreiteter Irrtum muß hier klargestellt werden: In der Fachliteratur wird oft davon berichtet, daß Flachdächer im Sommer bis auf +80 °C aufgeheizt werden. Dies trifft für ein „Schwarzdach" zu, nicht aber für ein helles Betondach; es gilt für ein Betonflachdach mit Kiesschüttung schon gar nicht. Im Institut für Bauphysik in Stuttgart wurden Temperaturmessungen an Betonflachdächern während eines Jahres durchgeführt. Dabei zeigte sich, daß die Temperaturschwankungen an der Oberseite der Betondecke mit Kiesschicht nur etwa ein Viertel so groß sind wie bei Dächern ohne Kiesschüttung. Die größte Temperaturdifferenz, die im Laufe eines Tages zwischen Ober- und Unterseite der Betondecke gemessen wurde, betrug 13 °C ohne Kiesschüttung und nur 3 °C mit Kiesschicht. Durch die Messungen wurde nachgewiesen, daß die thermische Belastung eines Betonflachdaches mit Kiesschüttung im Gegensatz zu einem herkömmlichen Dach in engen Grenzen gehalten wird.

4.13 Beläge für genutzte Dächer

Die Oberfläche der Betondecke kann bei begehbaren Terrassendächern, befahrbaren Hofkellerdecken oder Parkdächern nicht direkt beansprucht werden. Es ist auch hier eine thermische Pufferschicht nötig. Als solche wirken die Geh- und Fahrbeläge. Dafür kommen im wesentlichen drei Konstruktionen in Betracht:

☐ Gehwegplatten auf Stelzlagern;

☐ Großflächenplatten auf Kies- oder Splittbettung;

☐ Gehwegplatten oder Betonsteinpflaster auf Sandbett mit Filter- und Dränschicht.

Die Beläge sind in allen Fällen wasserdurchlässig. Deshalb ist eine Entwässerung der Sand-, Kies- oder Splittschicht sehr wichtig.

Gehwegplatten auf Stelzlagern

Von einer Verlegung der Betonplatten auf Mörtelbett ist dringend abzuraten. Als Schadensmöglichkeiten sind bekannt: Risse, Abheben der Platten, Frostabsprengungen und Ausblühungen. Das Wasser kann nicht abfließen. Ähnlich ungünstig sind Estriche.

Zu empfehlen ist das Verlegen von Waschbetonplatten (d $\geq$ 5 cm) auf Stelzlagern. Diese werden in den Fugenkreuzen zwischen den Platten angeordnet (Bild 29). Damit ist auch ein Höhenausgleich möglich. Die Fugen bleiben offen ($\approx$ 10 mm) [45]. Temperaturausdehnungen können ohne Zwang stattfinden. Das Wasser kann in den Fugen nach unten laufen und ungehindert auf der Betondecke abfließen.

Wohnterrassen sollten mit Gefälle hergestellt werden. Hygienische Gründe fordern, daß Regenwasser und andere verschüttete Flüssigkeiten nicht stehen bleiben (Geruch, Ungeziefer). Genügend Abläufe müssen vorgesehen sein und beim Betonieren der Decke mit eingebaut werden [50].

Bei Räumen unter genutzten Dachdecken, die dem dauernden Aufenthalt von Menschen dienen, ist der Trittschallschutz zu bedenken. Die Gehgeräusche sollten möglichst nicht übertragen werden. Dieses kann durch Auswahl der Schicht oder Stelzlager beeinflußt werden. Günstig ist hierbei eine genügend kleine dynamische Steifigkeit. Weiche Lager (z. B. Gummi) sind härteren vorzuziehen.

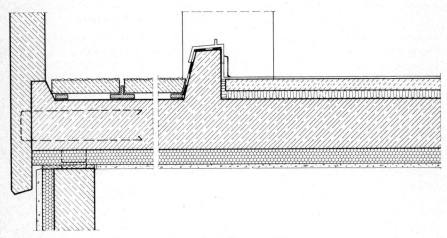

Bild 29: Betonplatten auf Stelzlagern im Bereich der Dachterrassen [34]

Großflächenplatten auf Kies- oder Splittbettung

Großflächenplatten können auch auf einem Kies- oder Splittbett verlegt werden. Die Entwässerung erfolgt durch die offenen Fugen ($\approx$ 10 mm) und durch die hohlraumreiche, entwässerungsfähige Bettung aus einer Körnung 2/8 mm. In besonderen Fällen können auch die Fugen mit Weichasphalt vergossen werden.

Betonsteinpflaster

Für befahrbare Flächen eignet sich Betonverbundsteinpflaster. Hierbei kann es bei falschem Verlegen zum Verschieben des Betonsteinpflasters durch bremsende Fahrzeuge kommen. Dies geschieht, wenn die Sandschicht wassergesättigt ist, weil das Wasser nicht abfließen kann. Es baut sich dann ein Porenwasserüberdruck auf, die Sandschicht kann keine Scherkräfte mehr aufnehmen, der Belag „schimmt" weg [50]. Optimal ist der Einbau eines Filtervlieses (treibstoffbeständig) zwischen der unteren Dränschicht und dem darüberliegenden Sandbett. Als Dränschicht eignet sich am besten eine Splitt- oder Kiesschicht, 5 bis 8 cm dick, Korngröße 4/8 mm o. ä. Das Sandbett sollte 3 bis 5 cm dick sein aus Sand der Körnung 1/4 mm.

4.14 Bepflanzte Dächer

Der Verbrauch an Landschaft für Gebäude und Verkehrseinrichtungen ist beachtlich groß. Er beträgt in der Bundesrepublik täglich fast 1 km^2 [35]. Das ist ein Eingriff in das Gefüge der Landschaft mit schweren Folgen, auch für unser Klima. Das Erscheinungsbild unserer Umwelt wird verändert.

Die Begrünung der Dachflächen wird damit zunehmend eine Notwendigkeit, damit der Verbrauch an Landschaft nicht in gleichem Maße mit einer Abnahme an Vegetationsflächen verbunden ist [31].

Für Pflanzflächen auf Betondächern sind drei Schichten erforderlich (Bild 38):

☐ Vegetationsschicht (Boden-Torf-Gemisch oder Boden-Schaumstoff-Gemisch 5 bis 45 cm dick);
☐ Filterschicht   (Fasertorf, Schaumstoff, Bimssand 5 cm oder Filtervliesgewebe);
☐ Dränschicht   (Kies, Bims, Blähton 10 cm oder spezielle Dränplatten).

Eine weitere Schicht zum Schutz des Daches ist bei Betondecken nicht nötig. Die Gefahr einer Beschädigung besteht nicht, weder durch Gartenwerkzeuge noch durch Wurzelwachstum.

Wegen der Belastung wird man gern leichte Stoffe verwenden. Bei großen Pflanzen kann die Verringerung der Flächenlast jedoch nachteilig sein; die Standfestigkeit wird durch geringe Auflast auf den Wurzeln verkleinert. Ein Verwurzelungsgewebe zwischen Vegetationsschicht und Filterschicht kann die Standsicherheit erhöhen, besonders in windigen Gegenden [42].

Die Vegetationsschicht soll eine gute Speicherfähigkeit für Nährstoffe und einen ausgewogenen Wasser- und Lufthaushalt besitzen, z. B. Mutterboden mit Sand und Torf gemischt. Sie muß auf die vorgesehene Pflanzenart abgestimmt sein. Für belastete Vegetationsschichten (Gehen, Spielen) sind Anforderungen in DIN 18 035 Teil 4 festgelegt. Die Vegetationsschicht soll für Rasen, Sedum und Bodendecker 5 bis 15 cm dick sein, für Stauden und kleine Gehölze 15 bis 25 cm, für Großsträucher und kleine Bäume 25 bis 45 cm (Bild 30).

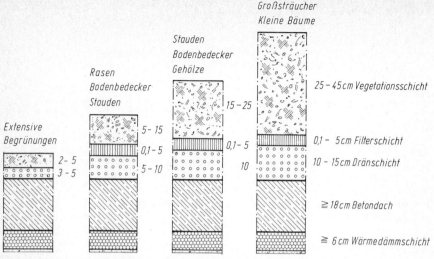

Bild 30: Schichtenaufbau bei bepflanzten Dächern in Abhängigkeit von der Vegetationsart (nach Liesecke) [31]

Die Filterschicht soll einerseits das Eindringen von Feinteilen aus der Vegetationsschicht in die Dränschicht verhindern, andererseits evtl. die Speicherung von Wasser ermöglichen. Das kann z. B. durch eine 5 cm dicke Fasertorfschicht geschehen. Die Filterschicht soll das Versagen der Dränschicht ausschließen.

Bei belastbaren Rasenflächen kann die Filterschicht entfallen. Es ist jedoch eine in der Kapillarität abgestufte Kornzusammensetzung von Vegetationsschicht und Dränschicht zu wählen. Für diese Dränschicht ist am besten grober Bimssand geeignet.

Die Dränschicht soll das Überschußwasser ableiten, aber auch so viel Wasser speichern, daß die Pflanzen mit Wasser versorgt sind. Dazu soll die Dränschicht mindestens 10 cm dick sein, Korngruppe 8/16 mm. Der Porenraum soll etwa 30 l/m^3 betragen (DIN 18 915 Teil 3). Bims oder Blähton werden hierfür bevorzugt, wobei je nach Pflanzenart ein begrenzter Sandanteil vorhanden sein kann; die Dränschicht soll nicht zu weitporig sein. Besondere Systeme sind hierfür ebenfalls entwickelt worden (z. B. BASF, Optima oder Woermann-Drän).

5. Ausführung innengedämmter Dächer

Betonflachdächer werden hergestellt aus Beton mit besonderen Eigenschaften. Der Beton übernimmt außer der tragenden Funktion auch die Aufgabe der Abdichtung. Eine zusätzliche Dichtungshaut wird nicht gebraucht. Es kommt daher auf Wasserundurchlässigkeit an, auf Rissefreiheit und hohen Frostwiderstand. Um diese Eigenschaften zu erreichen, ist eine besondere Sorgfalt bei der Ausführung notwendig.

Allen, die mit dem Herstellen eines Flachdachs aus Beton beschäftigt sind, soll sorgfältiges Arbeiten selbstverständlich sein. Oft entstehen Baumängel durch falsches Verhalten oder leichtfertiges Arbeiten. Flachdächer aus Beton sind zwar sehr sicher herzustellen, aber auch hier können Mängel bei der Herstellung zu Schäden während der Nutzung des Daches führen. Solche Schäden sind nicht nötig. Sie müssen vermieden werden, auch wenn es leicht reparierbare Fehler sind.

Andererseits wird die Ausführung der Arbeit ganz wesentlich dadurch erleichtert, daß aus technischen Gründen bei fast jeder Witterung gearbeitet werden kann. Daß aus praktischen Gründen ein Arbeiten bei strömendem Regen oder bei klirrender Kälte ohne Winterbaumaßnahmen nicht zumutbar ist, versteht sich. Hierbei wäre beim Betonieren außerdem ein Schutz des Betons nötig. Bedeutsam ist aber, daß keine Wartezeiten dadurch entstehen, weil eine Dachdichtungshaut nur bei guter Witterung nach genügendem Austrocknen aufgebracht werden kann. Sobald das Betonieren beendet wird, ist das Bauwerk von oben her dicht.

Am deutlichsten wird das Einfache der Konstruktion klar, indem man die Funktion der drei Schichten kennt, aus denen das Dach im wesentlichen besteht (Bild 31):

☐ Kiesschicht als Oberflächenschutz und Temperaturpuffer,
☐ Stahlbetondecke als tragende Konstruktion und abdichtende Schicht,
☐ Hartschaumplatten als Wärmedämmschicht.

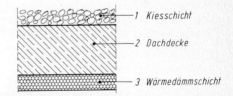

Bild 31: Beispiel für ein Betonflachdach mit unterseitiger Dämmschicht (einschalig, 3 Schichten)

Damit jeder Beteiligte über die Art der auszuführenden Arbeiten und über die Funktionsweise des Daches informiert ist, sollte vor Beginn der Arbeiten ein Fachberater hinzugezogen werden. In einer Vorbesprechung sind alle noch unklaren Fragen zu klären. Die folgenden Hinweise sind zu beachten, die Anweisungen des verantwortlichen Bauleiters zu befolgen.

Nachstehend werden die erforderlichen Arbeiten der Reihe nach im einzelnen beschrieben.

5.1 Arbeiten vor dem Betonieren

Für Betonflachdächer wird wasserundurchlässiger Beton nach DIN 1045 verwendet. Das ist ein Beton mit besonderen Eigenschaften. Die Festigkeitsklasse dieses Betons entspricht mindestens einem B 25. Der Beton wird in der Regel mit Zusatzmitteln hergestellt. Die Herstellung und Verarbeitung kann unter den Bedingungen für Beton B I oder Beton B II erfolgen.

Eignungsprüfungen sind für Betone mit besonderen Eigenschaften bei Verwendung von Zusatzmitteln stets erforderlich. Transportbeton ist dem Baustellenbeton vorzuziehen, es sei denn, daß eine leistungsfähige Mischanlage mit besonders guter Mischwirkung auf der Baustelle zur Verfügung steht. Zeitig genug vor Betonierbeginn ist abzuklären, ob das Transportbetonwerk für die in Aussicht genommene Betonart bereits Eignungsprüfungen durchgeführt hat. Anderenfalls sind diese noch anzusetzen, damit die Ergebnisse vor Betonierbeginn vorliegen. Wasserundurchlässigkeit und Druckfestigkeit werden normalerweise an 28 Tagen alten Probekörpern geprüft. Die Prüfung auf Wasserundurchlässigkeit beansprucht vier Tage. Eine Gesamtzeit von fünf Wochen ist für Eignungsprüfungen also mindestens erforderlich. Entsprechend zeitig genug haben die Vorbesprechungen zwischen Bauunternehmen und Transportbetonwerk stattzufinden.

5.1.1 Deckenauflager

Alle Wände, auf denen das Flachdach aufliegt, müssen einen Ringanker aus Stahlbeton erhalten. Er kann nur bei Stahlbetonwänden entfallen.

Der Ringanker soll die waagerechten Kräfte aus der Dachdecke aufnehmen können und auf das Mauerwerk verteilen. Zwischen Mauerwerk und Ringanker muß eine feste Verbindung bestehen. Der Ringanker wird daher direkt auf das Mauerwerk betoniert. Er ist mit der Außendämmung so breit wie die ganze Wanddicke (s. Bild 9).

Die Schalung für den Ringanker besteht aus zwei Seitenplatten, die mit besonderen Zwingen auf dem Wandkopf festgeklemmt werden. Die Schalungsoberseite dient zum ebenen Abziehen des Betons für den Ringanker; sie soll daher möglichst glatt sein. Die Schalung ist waagerecht auszurichten. Die Schalungsoberkante soll 1 cm unter Oberkante Deckenschalung liegen. Es können auch besondere Formsteine verwendet werden.

Die Wärmedämmplatten sind an die Außenseite des Ringankers einzubauen. Die erforderliche Dicke ist den Zeichnungen zu entnehmen; sie soll mindestens 6 cm betragen. Die Platten sind dicht zu stoßen; offene Fugen dürfen nicht entstehen.

Die Bewehrung des Ringankers (mindestens 4 Längsstäbe mit 5 Bügeln je m) ist zu Körben zu flechten, mit Abstandhaltern zu verlegen und gegen Verschieben zu sichern. Die Übergreifungsstöße der Längsstäbe müssen lang genug sein. Die Bügel müssen geschlossen werden. An den Ecken wird die Längsbewehrung am besten mit Schlaufen gestoßen. Diese Angaben sind den Bewehrungsplänen zu entnehmen; die Maße sind einzuhalten.

Der Festhaltebereich ist der einzige Bereich, wo zwischen Ringanker und Dachdecke eine Verbindung entstehen soll. Dazu werden nach Angabe in der Zeichnung Anker aus Rundstahl $\varnothing 25$ mm lotrecht in der Mitte des Ringankers so an der Bewehrung befestigt, daß sie nach dem Betonieren mit dem oberen Teil etwa 10 cm herausschauen (s. Bild 11).

Das Betonieren der Ringanker soll zügig durchgeführt werden, damit möglichst keine Arbeitsfugen entstehen. Das Mauerwerk ist vorher anzufeuchten.

5.1.2 Deckenschalung

Nach dem Betonieren und Ausschalen der Ringanker kann die Dachdecke eingeschalt werden. Hierzu ist keine besonders dichte Schalung erforderlich, da die ganze Fläche mit Dämmplatten abgedeckt wird. Verschiedene Einbauteile (z. B. Dachentwässerung, Kanalentlüftung, Installationen u. ä.) müssen in die Schalung eingesetzt werden. Hierfür muß gegebenenfalls die Schalung durchbohrt werden.

Die Schalung darf nicht mit Schalöl behandelt werden, da dieses eventuell die Dämmplatten zerstören oder auflösen könnte. Die Höhenlage der Schalung muß genau passen: Oberkante Schalung 1 cm über Oberkante Ringanker. Ein genauer horizontaler Anschluß ist wichtig.

Schalungsträger dürfen nicht auf dem Ringanker aufliegen. Hierfür sind Rähme auf besondere Stützen zu stellen. Die Abstützung der Schalung muß so erfolgen, daß während des Betonierens keine Verschiebungen eintreten können (DIN 1045, 12.1).

Durchbiegungen der Dachdecke infolge Schwinden und Kriechen sollen klein gehalten werden. Dafür sind Hilfsstützen nötig, die möglichst lange nach dem Ausschalen stehen bleiben sollen (DIN 1045, 12.3.2). Ausschalfristen siehe Abschnitt 5.2.8.

5.1.3 Gleitlager

Nach dem Fertigstellen der Ringanker und dem Aufstellen der Schalung für die Dachdecke werden die Gleitlager verlegt.

Die Schaumstoffbahn mit oberseitiger Folie wird zunächst auf dem Ringanker ausgerollt und gegen Verrutschen aufgeklebt. Sie reicht über die ganze Wandbreite und ist etwa 8 mm dick. Die Stöße sind stumpf anzulegen und mit einem Klebeband zu sichern. Mittig in der Schaumstoffbahn sind Aussparungen für die Gleitlager vorzusehen in Abständen von 1 m (Bild 32).

Bild 32: Schaumstoffbahn auf dem Ringanker mit Aussparungen für die Gleitlager [34] (Werkfoto: riluform)

Bild 33: Einsetzen der Gleitlager in die Aussparungen [34]

Die Gleitlager (Punktlager) werden in die vorhandenen Aussparungen der Schaumstoffbahn bzw. in die Aussparungen der Dämmplatten gelegt (Bild 33). Die Abstände sind der Zeichnung zu entnehmen. Gegebenenfalls sind außerdem noch Aussparungen für zusätzliche Gleitlager zu schaffen, z. B. bei Überzügen oder deckengleichen Unterzügen.

Keine schadhaften Gleitlager einbauen! Mit Ausnahme des Festhaltebereichs dürfen keine festen Verbindungen zwischen Ringanker und Dachdecke entstehen.

5.1.4 Wärmedämmplatten

Auf der fertigen Deckenschalung werden die Wärmedämmplatten (z. B. Polystyrol-Hartschaumplatten nach Abschn. 4.4) in der geforderten Dicke so dicht verlegt, daß keine Wärmebrücken entstehen. Die Mindestdicke beträgt 6 cm. Die speziellen Platten mit umlaufendem Haken- oder Stufenfalz können so dicht verlegt werden, daß sie sich während des Betonierens nicht verschieben. Die profilierte Seite der Platten muß oben liegen, damit sich der Beton gut mit den Platten verbinden kann. Die Dämmplatten werden über den tragenden Wänden durchgeführt, bei Außenwänden bis außen. Über den Gleitlagern werden Aussparungen ausgestanzt oder gebohrt, so daß der Beton stelzenförmig die Dämmschicht durchstößt und sich auf den Lagern abstützt (Bild 34).

Brandwände, Wohnungstrennwände und Treppenhauswände müssen gegen Feuer- und Rauchdurchschlag gesichert sein.

Dazu ist die normale Dämmung durch nichtbrennbares Material 14 cm breit zu unterbrechen. Hierfür sind 14 cm Schaumglasstreifen in Wandmitte geeignet (s. Bild 12). Wohnungstrennwände erhalten anstelle von Hartschaum eine Mineralwolldämmung.

Bild 34: Ausbohren der Dämmplatten für die Gleitlager [34]

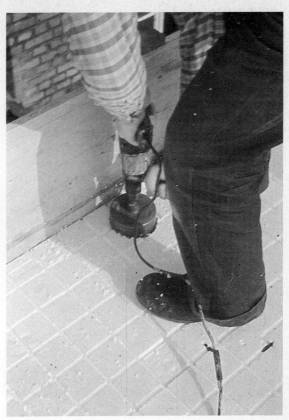

Abgehängte Decken kann man bei Verwendung besonderer Dämmplatten mit Dübelleisten später auf einfache Weise herstellen. Die Dämmplatten verlegt man ebenfalls zum direkten Einbetonieren auf der Schalung. In vorbereiteten Schlitzaussparungen werden kochfest verleimte Dübelleisten mit Kunststoffankern eingelegt (s. Bild 46). Sie bieten durch das Einbetonieren genügend Halt für untergehängte Decken bis 0,25 kN/m². Markierungen an der Plattenunterseite zeigen für die späteren Arbeiten die Lage der Dübelleisten an. Bei schweren Decken sind besondere Verankerungen nötig.

5.1.5 Bewehrung

Die Dachdecke sollte nicht nur unten sondern auch oben durchgehend bewehrt sein. Für die obere durchgehende Bewehrung sind z. B. Betonstahlmatten Q 377 zweckmäßig. Die Betondeckung muß unten mindestens 15 mm, oben 25 mm betragen. Besondere Angaben auf dem Bewehrungsplan sind zu berücksichtigen.

Abstandhalter sollen die Lage der Bewehrung sichern. Für die untere Bewehrung gibt es besondere Abstandhalter mit großer Aufstandsfläche. Ein Eindrücken in die Dämmplatten wird damit verhindert (Bild 35).

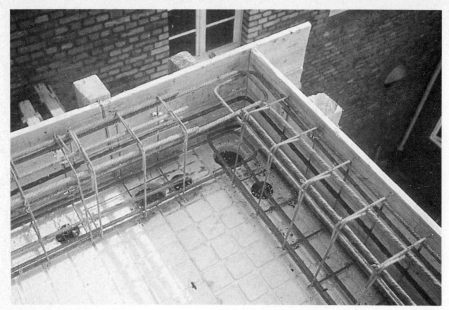

Bild 35: Bewehrung der Randaufkantung mit großflächigen Abstandhaltern [34]

Für die obere Bewehrung können nur solche Abstandhalter verwendet werden, die sich auf die untere Bewehrung stützen. Es sind hier spezielle Gitterträger entwickelt worden. Die Entfernungen der Abstandhalter sollen so gering sein, daß die Bewehrung auch beim Betonierbetrieb nicht heruntergetreten wird (DIN 1045, 13.1).

Randaufkantung und Dachrandabschluß müssen vor dem Betonieren der Dachdecke fertig bewehrt sein. Für die Randaufkantung sind mindestens erforderlich 7 $\varnothing$ 12 III mit Bügeln 5 $\varnothing$ 8 III je m. Die Eckausbildung erfolgt am einfachsten mit Schlaufen.

Einspringende Ecken im Grundriß sind diagonal durch mindestens 3 $\varnothing$ 14 III oben und unten zu sichern (s. Bild 14a) oder es sind Schlitzfugen anzuordnen (s. Bild 19).

Öffnungen für Dachausstiege, Lichtkuppeln, Schornsteine u. ä. erhalten umlaufende Aufkantungen mit Bewehrung mindestens 7 $\varnothing$ 14 III und Bügeln 5 $\varnothing$ 8 III je m. Die statisch erforderliche Bewehrung der Decke, die durch die Öffnungen gestört wird, muß ausgewechselt werden. Je Öffnungsseite müssen mindestens 2 $\varnothing$ 12 III oben und unten vorhanden sein. An jeder Ecke der Öffnung sind diagonal oben und unten mindestens 2 $\varnothing$ III wenigstens 2 m lang einzubauen.

Besondere Zulagebewehrungen sind in den Bewehrungsplänen angegeben.

5.1.6 Aufkantung

Die Aufkantungen am Rand des Daches, an Dehnfugen und bei Öffnungen sollen am selben Tag mit der Dachdecke betoniert werden. Sie sind daher vorher einzuschalen. Hierfür gibt es besondere Zwingen. Sie können auf die erforderliche Breite der Aufkantung eingestellt werden (Bild 36).

Bild 36: Zwingen zum Einschalen der Aufkantung [34]

Die Maße für die Aufkantung sind in den Zeichnungen angegeben: Oberkante mindestens 10 cm über Deckenoberkante, Breite im oberen Bereich mindestens 20 cm.

Aufkantungen an Fugen und Öffnungen oder bei Anschlüssen zu anderen Bauteilen sollen mindestens 5 cm höher als die Randaufkantung sein (Stauwasser) (s. Bild 20). Die Schalung der Aufkantung wird zusätzlich gegen die obere Bewehrung abgestützt.

Fugenbänder zum Abdichten zwischen zwei Abschnitten sind an die Schalung des zuerst zu betonierenden Abschnitts zu heften. Vor dem Betonieren des zweiten Abschnitts sind die Fugeneinlagen (Mineralwollplatten) zu versetzen (s. Bild 20).

5.1.7 Einbauteile

Zur Funktionsfähigkeit eines Flachdaches gehören verschiedene Teile, die sofort mit eingebaut werden sollen. Dieses sind z. B.:

☐ Dachentwässerungen (Dachgullys),

☐ Kanalentlüftungen,

☐ Antennen,

☐ Installationsteile,

☐ Lichtkuppeln,

☐ Dachausstiege.

Diese Einbauteile werden speziell für Betonflachdächer geliefert. Sie sind vor dem Betonieren so zu versetzen, daß sie in ihrer endgültigen Lage einbetoniert werden können

(s. Bild 26 und 37). Genaues Einmessen ist erforderlich, ebenso ein sorgfältiges Sichern gegen Verschieben oder Umkippen beim Betonieren der Decke.

Aussparungen zum späteren Einsetzen der Einbauteile sind nicht zulässig, da hier stets Undichtigkeiten zu erwarten sind.

Stemmarbeiten zum Herstellen von Durchbrüchen o. ä. sind grundsätzlich abzulehnen; spätere Schäden wären die Folge. Im Notfall kann für die nachträglich einzusetzenden Einbauteile ein Loch gebohrt werden. Das Einsetzen der Teile muß durch Zementmörtel mit Quellzusatz und mit Haftanstrich erfolgen. Besser ist es, für das spätere Einsetzen eine Aufkantung zu betonieren.

Dübel zum Befestigen verschiedener Teile sollten möglichst nur im Bereich von Aufkantungen in den Beton eingesetzt oder eingebohrt werden. Bis zu Tiefen von 4 cm ist dies auch im Deckenbereich möglich.

Bild 37: Entlüftungsrohre werden durch die Decke geführt und einbetoniert

5.1.8 Abziehlehren

Die Deckenoberfläche ist eben und im angegebenen Gefälle herzustellen. Dafür sind Abziehlehren zu verwenden. Man benutzt Rechteckrohre, die in U-förmigen Halterungen in Spindelböcken höhengerecht verlegt werden (Bild 38). Der Abstand der Abziehlehren

Bild 38: Abziehlehren auf Spindelböcken zum Abziehen und Verdichten des Betons (Werkfoto: Tremix-Noggerath)

richtet sich nach der Länge der Rüttelbohle. Die Rüttelbohle läuft zwischen den Abziehlehren. Sie wird mit beidseitigen, höhenverstellbaren Auslegern auf diesen geführt. Die Betonoberfläche läuft unter den höherliegenden Lehren durch. Der Beton kann eben abgezogen und nahezu ganzflächig verdichtet werden. Eine fluchtgerechte und parallele Anordnung der Abziehlehre ermöglicht es, die unverdichteten Restbereiche unter den Lehren möglichst schmal zu halten, z. B. 8 cm breit. Ebenheitstoleranzen siehe Tafel 24.

5.2 Betonieren der Dachdecke

Der Betoniertermin soll zeitig genug festgelegt und allen Beteiligten mitgeteilt werden. Zu bedenken ist bei der Terminfestlegung:

☐ Eignungsprüfungen müssen durchgeführt worden sein, die Ergebnisse sollen vorliegen;

☐ alle Vorarbeiten müssen vor Betonierbeginn abgeschlossen sein;

☐ das Betonieren der Decke muß zügig ohne Unterbrechung durchgeführt werden können;

☐ das Fertigstellen eines Abschnittes erfordert zwei Tage;

☐ geschultes Personal muß ausreichend lange zur Verfügung stehen;

☐ die Bewehrung muß vom Prüfingenieur abgenommen sein.

Eine Besprechung der maßgeblichen Beteiligten sollte vor Betonierbeginn eventuelle Unklarheiten beseitigen.

5.2.1 Betonzusammensetzung

Die in Tafel 2 genannten Angaben zur Betonzusammensetzung sind für die Funktionsfähigkeit einzuhalten.

Tafel 2: Angaben zur Betonzusammensetzung

Festigkeitsklasse	B 25 nach DIN 1045
Besondere Eigenschaft	Wasserundurchlässigkeit und hoher Frostwiderstand
Betongruppe	B I oder B II
Zement	PZ 35 F, bei kühler Witterung PZ 45 F
Zementgehalt	mindestens 300 kg/m³; bei B I-Baustellen: mindestens 350 kg/m³ bei 32 mm Größtkorn 400 kg/m³ bei 16 mm Größtkorn*⁾
Zuschlag	A/B 32, evtl. A/B 16 nach DIN 4226 Zusätzliche Forderung: Widerstand gegen starke Frosteinwirkung
Zusatzstoffe	keine
Mehlkorn	Begrenzung auf 400 kg/m³ erforderlich
Zusatzmittel	Anlieferung des Betons ohne Zusatzmittel Zugabe des Fließmittels mit Verzögerer auf der Baustelle Verzögerung auf 24 Stunden ab Einbaubeginn Bei niedrigen Temperaturen keine Verzögerung erforderlich Bei befahrenen Dächern LP-Mittel nötig
Wasserzementwert	$w/z \leq 0{,}55$ bei Beton B II
Konsistenz	Bei der Anlieferung K 2, a = 36 bis 38 cm; nach Zugabe des Zusatzmittels K 3, a = 45 bis 50 cm

*⁾ Nach einem Schreiben des Deutschen Ausschusses für Stahlbeton kann von diesen Zementgehalten abgewichen werden: „Wird wasserundurchlässiger Beton der Festigkeitsklasse B 25 unter den Bedingungen für B II hergestellt (Eignungsprüfung, Eigenüberwachung, Fremdüberwachung im Transportbetonwerk), so bestehen keine Bedenken, im Einvernehmen mit der zuständigen Bauaufsichtsbehörde und dem Bauherrn auf eine besondere Überwachung der Baustelle nach DIN 1084 Teil 1 zu verzichten, wenn statt dessen eine Güteprüfung gemäß DIN 1045 Abschn. 7.4.3 durchgeführt wird und die Baustelle hinsichtlich der Überwachung wie eine Baustelle für Beton B I behandelt wird."

5.2.2 Bestellen des Betons

Wenigstens 2 Tage vor Lieferung ist der Beton beim Transportbetonwerk abzurufen. Dabei ist folgendes anzugeben:

Tafel 3: Angaben zur Betonbestellung

Betonmenge in m³
Nummer der Betonsorte (z. B. 4142; nach Betonsortenverzeichnis)
                mit Festigkeitsklasse (z. B. B 25)
   Größtkorn des Zuschlags (z. B. 32 mm)
   besondere Eigenschaften (z. B. wasserundurchlässig, hoher Frostwiderstand)
   Konsistenzbereich oder Konsistenzmaß (z. B. K 2, a = 36 bis 38 cm)
   Zementart und Festigkeitsklasse (z. B. PZ 35 F)
Anschrift und Bezeichnung der Baustelle mit Tel.-Nr. und der Firma
Liefertag
Betonierbeginn (z. B. 7.15 Uhr)
stündliche Betonmenge (z. B. 12 m³/h)
Mitlieferung der Zusatzmittel
Laborwagen für Betonprüfungen

Das Fördern des Betons zur Einbaustelle kann mit Kran oder Pumpe erfolgen. Das Pumpen des Betons kann ggf. vom Transportbetonwerk vorgenommen werden (Bild 39).

Die Zufahrt auf der Baustelle muß für das möglichst nahe Heranfahren der schweren Transportbetonfahrzeuge geeignet sein.

Bild 39: Pumpen des Betons zur Einbaustelle

5.2.3 Einmischen der Zusatzmittel

Bei der Anlieferung des ersten Betons ist die Konsistenz zu kontrollieren. Beton mit einem größeren Ausbreitmaß als 38 cm darf nicht angenommen werden.

Die Zugabe des Fließmittels und des Verzögerers erfolgt kurz vor der Übernahme des Betons. Die Menge des zuzugebenden Zusatzmittels (Fließmittel + Verzögerer) hängt von der Eignungsprüfung ab. Die Zugabe soll so erfolgen, daß das Zusatzmittel im Mischfahrzeug möglichst gleichmäßig über den Beton verteilt wird. Danach muß mindestens 5 min bis zum vollständigen Untermischen gemischt werden. Nach Abschluß des Mischvorganges soll ein gleichmäßiges Betongemisch entstanden sein. Weitere Veränderungen des Betons sind nicht mehr zulässig (s. DIN 1045, 9.3.2).

Die Konsistenz des Betons soll nach dem Untermischen des Zusatzmittels im Bereich K 3 liegen (weicher Beton); Ausbreitmaß $a \leq 50$ cm.

5.2.4 Betoniervorgang

Das Betonieren soll zügig erfolgen. Hierbei wird man zunächst einen Deckenstreifen an den Aufkantungen vorziehen.

Die Aufkantung wird dann betoniert, wenn der angrenzende Deckenbeton etwas angesteift ist durch das Nachlassen der verflüssigenden Wirkung des Fließmittels (Bild 40). Jedenfalls sind sämtliche Aufkantungen am ersten Tag mitzubetonieren. Betonierfugen zwischen Dachdecke und Aufkantung dürfen nicht entstehen (Bild 41).

Die Verdichtung des Betons muß stets durch Rütteln erfolgen. Rüttelbohlen sind wegen der großflächigen Verdichtung besser als Rüttelflaschen. Letztere sind aber dann einzusetzen, wenn das Verlegen von Abziehlehren und Verwenden von Rüttelbohlen nicht möglich sein sollte.

Damit keine undichten Betonierfugen entstehen, darf das Betonieren nur so lange unterbrochen werden, wie der zuletzt eingebrachte Beton noch nicht erstarrt ist. Das gilt auch für das Anbetonieren eines Streifens an den vorigen. Es muß eine gute und gleichmäßige Verbindung zwischen beiden Betonen entstehen. Der Innenrüttler muß in den Randbereich, der bereits verdichtet wurde, nochmals eingetaucht werden.

Der Beton muß möglichst vollständig verdichtet werden, besonders sorgfältig bei dicht liegender Bewehrung und an lotrechter oder geneigter Schalung. Gut verdichteter Beton kann noch einzelne sichtbare Luftblasen enthalten (DIN 1045, 10.2.2).

Mit dem Abziehen der Oberfläche ist das Betonieren am ersten Arbeitstag zunächst beendet.

In der Nacht sollte möglichst nicht betoniert werden. Wenn aber das Betonieren bis zum Eintritt der Dunkelheit nicht beendet werden kann, muß eine ausreichende Beleuchtung vorhanden sein. Zu bedenken ist jedoch, daß bei zu langer Arbeitszeit die Belegschaft ermüdet und dann die Sorgfalt nachläßt.

Im Sommer darf die Betontemperatur $+30\,°C$ nicht überschreiten. Die Betontemperatur ist mit Einstechthermometer zu messen. Bei Hitze und Wind muß der eingebrachte Beton sofort mit Folien o. ä. abgedeckt werden.

Im Winter muß die Betontemperatur mindestens $+10\,°C$ betragen, wenn mit Lufttemperaturen unter $-3\,°C$ zu rechnen ist. Es ist angewärmter Beton zu verwenden. Alle Flächen, an die betoniert wird, müssen frei von Schnee, Eis und Rauhreif sein; auch die

Bild 40: Betonieren der Dachdecke mit der Aufkantung [34]

Bild 41: Nach dem Betonieren der Aufkantungen erfolgt das Betonieren der Dachdecke [34]

Bewehrung (DIN 1045, 11). Dafür muß eventuell warmes Wasser oder Dampf verfügbar sein. Abdeckmaterial muß bereitliegen. Der eingebaute Beton ist gegen Abkühlung zu schützen.

5.2.5 Nacharbeiten

Am Tag nach dem Betonieren soll die Betonoberfläche fertiggestellt werden. Der Beton muß also noch ausreichend bearbeitbar sein. Das ist durch die Verzögerung des Erhärtungsvorganges der Fall (s. Abschn. 5.2.3).

Zunächst werden die inneren Seitenflächen der Aufkantung ausgeschalt und es wird ihre Oberfläche abgerieben und nachgearbeitet. Die äußere Randschalung muß bei Normalzement mindestens fünf Tage lang stehen bleiben (s. Tafel 4). Die Fertigstellung der Oberfläche geschieht nach dem Nachverdichten des Betons.

5.2.6 Nachverdichtung

Die Nachverdichtung erfolgt entweder mit einem Oberflächenrüttler oder auch mit einem Flügelglätter (Bild 42). Durch diesen Arbeitsgang werden Hohlstellen geschlossen, die sich durch das Absetzen des Betons gebildet haben können.

Der Flügelglätter bringt genügend Vibration für die erforderliche Nachverdichtung des Betons. Es entsteht eine geglättete Oberfläche, so daß die Bearbeitung damit abgeschlossen ist.

Das Gefälle ist nochmals zu kontrollieren. Ebenso sollte überprüft werden, ob sich eventuell Einbauteile beim Betonieren verschoben haben.

Bild 42: Fertigstellen der Deckenoberfläche mit dem Flügelglätter, die eine gute Nachverdichtung bewirkt [34]

5.2.7 Nachbehandlung

Eine Nachbehandlung des Betons ist besonders wichtig. In DIN 1045, 10.3 steht: „Beton ist bis zum genügenden Erhärten gegen schädigende Einflüsse zu schützen, z. B. gegen starkes Abkühlen oder Erwärmen, Austrocknen durch Sonne oder Wind, starken Regen oder ferner gegen Schwingungen und Erschütterungen." „Um das Schwinden des jungen Betons zu verzögern und seine Erhärtung zu gewährleisten, ist er ausreichend lange feucht zu halten oder gegen Austrocknen zu schützen."

Der beste Schutz des Betons wird erreicht, wenn man sofort nach der Herstellung die ganze Dachdecke unter Wasser setzt (Bild 43). Das ist durch die wannenartige Ausbildung der Dachdecke leicht möglich. Diese Wasserschicht schützt gegen Temperaturdifferenzen und gegen Austrocknen. Sie verhindert das Entstehen von Rissen vollständig.

Ein Nachbehandlungsmittel sollte möglichst bald nach dem Fertigstellen der Betonoberfläche aufgesprüht werden, wenn ein Fluten der Dachdecke nicht möglich ist. Die weiteren Maßnahmen sind von der Witterung abhängig.

Das Abdecken mit feuchtem Vliesgewebe, Planen oder Kunststoff-Folie soll dem Nachbehandlungsfilm möglichst bald folgen. Die Aufkantungen sind stets abzudecken.

Bild 43: Zur Nachbehandlung wird die Oberfläche der Dachdecke mit Wasser geflutet [34]

Das Betondach ist zu schützen:

☐ 3 Tage gegen Abkühlen,
☐ 7 Tage gegen Austrocknen.

5.2.8 Ausschalen

Das Ausschalen der Dachdecke darf erst dann erfolgen, wenn der Beton ausreichend erhärtet ist und wenn der Bauleiter des Unternehmens das Ausschalen angeordnet hat (DIN 1045, 12.3). Er darf das Ausschalen nur anordnen, wenn er sich von der ausreichenden Festigkeit des Betons überzeugt hat. Bei Dachdecken, die schon nach dem Ausschalen nahezu die volle rechnungsmäßige Last zu tragen haben, ist besondere Vorsicht geboten. Die Ausschalfristen sind gegenüber Tabelle 8 DIN 1045 zu verlängern, um die Bildung von Rissen zu vermeiden und Kriechverformungen zu mindern.

Anhaltswerte für Ausschalfristen sind in Tafel 4 angegeben.

Tafel 4: Ausschalfristen (Anhaltswerte) nach DIN 1045

Festigkeitsklasse des Zements	Äußere lotrechte Schalung der Randaufkantungen (Tage)	Für die Schalung der Deckenplatten (Tage)	Für die Rüstung (Stützung) der Balken und weitgespannten Platten (Tage)
Z 35 F	5	8	14
Z 45 F	3	5	10

Bei niedrigen Temperaturen erhärtet der Beton langsamer. Er ist deswegen mit wärmedämmenden Abdeckungen zu schützen. Die Ausschalfrist muß entsprechend verlängert werden.

5.3 Prüfen des Betons

Damit eine einwandfreie Funktion des Daches sichergestellt werden kann, sind einige Prüfungen unumgänglich. Der Umfang der Betonprüfungen ist jedoch nicht sehr groß.

5.3.1 Eignungsprüfungen

Die Eignungsprüfungen sind vor Beginn der Arbeitsausführung vorzunehmen (Abschn. 5.1). Es soll dabei festgestellt werden, ob mit der vorgesehenen Betonzusammensetzung und unter den zu erwartenden Verhältnissen an der Einbaustelle die geforderten Eigenschaften des Frischbetons und des Festbetons sicher erreicht werden.

Bei Transportbeton werden diese Eignungsprüfungen vom Transportbetonwerk durchgeführt. Dabei sind besonders folgende Punkte zu beachten und zwar sowohl für Beton B I als auch B II:

☐ Wirksamkeit der Betonzusatzmittel,
☐ Konsistenz und Verzögerungszeit für die Verarbeitung,
☐ Druckfestigkeit für B 25,

☐ Wasserundurchlässigkeit mit höchstens 50 mm Eindringtiefe nach DIN 1048.
Die Ergebnisse der Eignungsprüfungen müssen vor Betonierbeginn vorliegen.

5.3.2 Güteprüfung

Die Güteprüfung soll während der Bauausführung zeigen, daß der Beton die geforderten Frischbetoneigenschaften besitzt und die nötigen Festbetoneigenschaften an Probekörpern erreicht hat.

Der Lieferschein ist auf die richtigen Angaben zu überprüfen und zwar unbedingt vor Beginn des Entladens. Damit soll sichergestellt werden, daß nur der bestellte Beton tatsächlich eingebaut wird. Irrtümer sollen ausgeschlossen werden. Bei der Überprüfung ist zu achten auf:

☐ Festigkeitsklasse,

☐ Wasserundurchlässigkeit,

☐ w/z-Wert,

☐ Zementgehalt,

☐ Wassergehalt,

☐ Konsistenz.

Die Konsistenz ist bei jeder Lieferung nach Augenschein zu überprüfen. Beim ersten Einbringen und beim Herstellen der Probekörper ist das Ausbreitmaß festzustellen (s. Abschnitt 5.2.1).

Die Druckfestigkeit soll nach DIN 1045 bei Beton B I an mindestens drei Probekörpern geprüft werden. Hierzu sind verteilt über die Betonierzeit Würfel mit 20 cm oder 15 cm Kantenlänge herzustellen. Sie sind nach der Herstellung mit Folie oder feuchten Tüchern abzudecken, bei 20°C erschütterungsfrei zu lagern, am dritten Tag auszuschalen und am besten unter Wasser von $\approx$ 20°C bis zum Alter von 7 Tagen zu lagern. Danach sollen die Probekörper an zugfreier Luft bei $\approx$ 20°C bis zur Prüfung am 28. Tag gelagert werden. Die Prüfung wird in einer Prüfstelle W durchgeführt. Darüber erhält die Baustelle einen Prüfbericht. Einzelwerte sollen nicht unter 25 N/mm², der Mittelwert nicht unter 30 N/mm² liegen.

Die Wasserundurchlässigkeit wird nach DIN 1048 an drei Probekörpern von 20 cm × 20 cm × 12 cm Größe geprüft. Die Herstellung erfolgt in besonderen Formen, und zwar nicht flachliegend, sondern stehend. Sofort nach dem Entformen ist eine der großen Flächen mit einer Drahtbürste in der Mitte kreisförmig $\varnothing$ 10 cm aufzurauhen. Die Lagerung erfolgt wie bei den Probekörpern für die Druckfestigkeitsprüfung, jedoch bis zur Prüfung am 28. Tage unter Wasser. Die Wassereindringtiefe darf im Mittel an drei Probekörpern nicht größer als 50 mm sein.

5.3.3 Dichtigkeitsprüfung

Nach dem Ausschalen der Dachdecke und der Randaufkantung wird die wannenförmig ausgebildete Dachkonstruktion mit Wasser gefüllt; wenn nicht schon zur Nachbehandlung Wasser aufgebracht wurde.

Es soll damit die Dichtigkeit der Dachdecke nachgewiesen werden. Nach zwei Tagen findet eine Kontrolle statt.

5.4 Fertigstellung des Daches

Zur Fertigstellung des Daches gehören noch einige Restarbeiten. Ein wesentlicher Vorteil ist es, daß die Dachdecke vom Tage nach dem Betonieren an schon vollständig dicht ist. Somit kann keine weitere Feuchte in den Bau eindringen. Empfindliche Dämm- und Dichtungsarbeiten, die durch ungünstige Witterung beeinträchtigt werden könnten, gibt es bei dieser Konstruktion nicht.

5.4.1 Dachaufbauten

Schornsteinköpfe, Dachausstiege, Lichtkuppeln, Antennenmasten oder die Gesimsausbildung können fertiggestellt werden. Beschädigungen der Dachkonstruktion, die zu Undichtigkeiten führen, sind beim Arbeiten auf dem Dach nicht möglich. Die überall umlaufenden Aufkantungen verhindern ein Einlaufen von Wasser.

5.4.2 Entwässerung

Die Dachgullys für die Entwässerung können in die einbetonierten Rohre eingesetzt werden. Wichtig ist, daß das Sieb jeweils aufgebracht wird, damit später keine Verstopfungen entstehen.

Die Kanalentlüftungen erhalten einen Kunststoffaufsatz, der ebenfalls in das einbetonierte Rohr paßt.

5.4.3 Fugenabdichtung

Fugen unterteilen eventuell die Dachfläche in mehrere Bauabschnitte (s. Abschnitt 4.8). Bei mehreren Abschnitten oder bei Anschlüssen an andere Baukörper ist zusätzlich zu den eingebauten Fugenbändern der obere Fugenbereich zu schließen. Dazu wird ein Schaumstoffstreifen eingelegt, worauf die Fugendichtungsmasse aufgespritzt wird (s. Bild 20). Eine andere Möglichkeit ist das Überkleben der Fuge in der Mittelaufkantung durch eine Folienabdeckung mit Dehnungsschlaufe (s. Bild 21).

5.4.4 Kiesschüttung

Bis zum Aufbringen der Kiesschüttung soll das Wasser, das seit der Dichtigkeitsprüfung auf dem Dach steht, auf der Dachdecke verbleiben. Die aufzubringende Kiesschüttung schützt das Dach vor großen Temperaturschwankungen. Die Kiesschicht sollte spätestens drei Wochen nach dem Betonieren eingebaut sein (Bild 44).

Die Kiesschicht soll aus möglichst hellem Kies der Korngruppe 16/32 mm mindestens 6 cm dick geschüttet werden (s. Abschnitt 4.12).

Damit sind die Bauarbeiten auf dem Dach beendet (Bild 45).

5.4.5 Putz oder Deckenverkleidung

Die Unterseite der Dachdecke wird durch die Wärmedämmplatten mit Putz oder Verkleidung gebildet. Der Putz soll eine dampfbremsende Wirkung haben und außerdem möglichst saugfähig sein.

Normaler Deckenputz kann nur mit einem Putzträger angebracht werden. Mit einem Gewebeband sind die Fugen der Dämmplatten zu bewehren. Es besteht durch den Putz jedoch die Gefahr, daß die Schalldämmung durch Schall-Längsleitung verschlechtert wird. Verputzte Decken wirken sich durch die ungünstige dynamische Steifigkeit der

Bild 44: Dachentlüftungen und Kiesschüttung nach Fertigstellung des Daches [47] (Werkfoto: Woermann)

Bild 45: Flachdächer aus Beton auf Einfamilien-Wohnhäusern [34]

Dämmplatten nachteilig aus. Ein dicker Deckenputz ist allerdings nicht nötig, da bei ebener Schalung auch die Unterseite der Dämmplatten eben sein wird.

Haftputz auf Gipsbasis mit Kunststoffvergütung kann direkt unter die Wärmedämmplatten gebracht werden. Vorher ist jedoch zu klären, ob die Dämmplatten aufgerauht werden müssen oder ob man eine Haftbrücke verwenden muß.

Die fertige Putzfläche kann geglättet oder gefilzt werden. Zwischen Decken- und Wandputz darf keine Verbindung entstehen. Die Dachdecke liegt auf Gleitlagern, die eine waagerechte Bewegung ermöglichen. Wenn im Eckbereich die Putzflächen eine Brücke bilden, kann es sehr bald zu Abplatzungen kommen. Die Deckenfläche muß sich über dem Wandputz frei bewegen können. Hierzu genügt ein klarer waagerechter Kellenschnitt unter dem Deckenputz (s. Bild 17). Es können aber auch besondere Putzprofile verwendet werden, gegen die dann der Putz geführt wird (s. Bild 55).

Spachtelung der Dämmplatten und Anstrich in malermäßiger Bearbeitung stellen die wirtschaftlichste Lösung dar. Da die Platten sehr eben sind, ist diese Ausführungsart möglich. Spachtelungen wirken als Dampfbremse. Sie sollen außerdem saugfähig sein und möglichst fungizide (pilztötende) Stoffe enthalten.

Abgehängte Deckenverkleidungen können an besonderen Dübelleisten befestigt werden. Hierzu sind Dämmplatten mit Aussparungen entwickelt worden. Vor dem Betonieren werden Dübelleisten in die Aussparungen gelegt, die mit Kunststoffankern einbetoniert werden. An der Unterseite der Dämmplatten zeigen Markierungen die Lage der Dübelleisten (Bild 46).

Bei abgehängten Decken soll die Wärmedämmschicht ebenfalls direkt unter der Betondecke liegen. Wird die Dämmschicht auf die untergehängte Decke gelegt, besteht die Gefahr der Tauwasserbildung unter der Betondecke. Das Tauwasser kann abtropfen und zu Feuchteschäden führen (Bild 47).

Der Luftraum über der abgehängten Decke soll belüftet werden.

Verbretterungen oder andere Deckenverkleidungen können auch direkt unter den Dämmplatten an Dübelleisten befestigt werden. Auch hier ist daran zu denken, daß seitliche Bewegungen der Dachdecke aufgenommen werden müssen. Am sinnvollsten ist die Anordnung einer Nut am Wandanschluß.

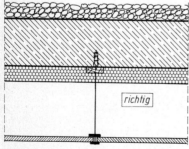

Bild 46: Stahlbetonflachdach mit untergehängter Decke: Dämmplatten mit Aussparungen für Dübelleisten zur Befestigung der untergehängten Decke. Richtig ist die Anordnung der Dämmschicht direkt unter der Stahlbetondecke [44]

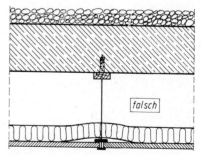

Bild 47: Stahlbetonflachdach mit untergehängter Decke: Falsch ist die Anordnung der Dämmschicht auf der abgehängten Decke: Gefahr der Tauwasserbildung [44]

6. Bemessung innengedämmter Dächer

6.1 Tragverhalten

Auf Einzelheiten der Bemessung soll hier nicht eingegangen werden. Es gibt keine besonderen Umstände, die das Aufstellen der statischen Berechnung erschweren würden. Statisch gesehen handelt es sich um eine Stahlbetonplatte, die beweglich gelagert ist. Die Dachdecke liegt mit Ausnahme des Festhaltebereichs stets auf Gleitlagern.

Die Bemessung kann als zweiachsig gespannte Platte erfolgen, ggf. als Durchlaufplatte. Wichtig ist hierfür die Aufkantung am Dachrand. Sie wirkt aussteifend einer Verwölbung entgegen. Eine obere Bewehrung sollte vollflächig angeordnet werden. Hierzu sind mindestens zu empfehlen:

$$A_s \geq 0,0015 A_b \tag{1}$$

Es genügt stets eine Matte Q 377. Die Bewehrung soll eine Rißverteilung bewirken. Sie muß engmaschig genug sein. Über tragende Innenwände ist die Dachdecke durchzuführen, es sei denn, daß wegen der Plattengröße eine Dehnfuge angeordnet werden muß (s. Abschnitt 4.5). Fugen in der Dachdecke werden grundsätzlich mit einer Deckenaufkantung hergestellt (s. Bild 18 bis 21). Erforderliche Bewehrungszulagen sind in Abschnitt 4.5 bis 4.11 angegeben.

Bei unterbrochener Stützung (z. B. im Bereich von raumhohen Wandöffnungen) sind deckengleiche Balken auszubilden (s. Heft 240 von DAfStb [13]). Keinesfalls sollen Unterzüge vorgesehen werden. Unterschiedliche Massenverhältnisse zwischen Deckenplatte und Unterzug wären schädlich. Querschnittveränderungen müssen also vermieden werden.

Ein Ringanker soll auf allen tragenden Wänden liegen, ausgenommen bei Stahlbetonwänden. Der Ringanker überträgt die lotrechten und waagerechten Kräfte der Dachdecke aus den Gleitlagern in das Mauerwerk (s. Abschnitt 4.1). Damit sollen Risse in den Wänden vermieden werden (DIN 1045, 14.4.1 und DIN 1053).

Durch die Art der Lagerung entstehen keine nennenswerte Zwangsbeanspruchungen in der Decke.

6.1.1 Längsverformungen

Dachdecken und die unter ihnen stehenden Wände sind wegen der äußeren Einflüsse und wegen ihrer verschiedenen Stoffeigenschaften unterschiedlichen Längenänderungen ausgesetzt. Nach Vornorm DIN 18530 „Massive Deckenkonstruktionen für Dächer, 1974" [12] ist ein Nachweis der Unschädlichkeit der Längsverformungen nicht nötig, wenn eine verschiebbare Lagerung angeordnet wird. Diese verschiebbare Lagerung wird durch die Gleitlager sichergestellt.

Die Größe der Längsverformungen der Dachdecke kann berechnet werden mit

$$\Delta l = \epsilon \cdot l_0 \tag{2}$$

und

$$\epsilon = \epsilon_s \pm \epsilon_T \tag{3}$$

sowie
$$\epsilon_T = \pm \alpha_T \cdot \Delta T \tag{4}$$

hierbei sind:

Δl Längenänderung durch Schwinden und Temperaturdehnung des Betons
l_0 ursprüngliche Länge der Dachdecke bzw. des Dachdeckenabschnitts
ϵ_s Schwindmaß des Betons
ϵ_T Temperaturdehnzahl des Stahlbetons
ΔT Temperaturdifferenz der Dachdecke zwischen Herstelltemperatur (drei Tage nach dem Betonieren) und Sommer- bzw. Wintertemperatur

Schwinden des Betons

Das Schwinden des Betons hängt im wesentlichen von der Feuchte der umgebenden Luft ab, sowie von den Abmessungen des Bauteils und der Zusammensetzung des Betons. Nach DIN 4227 Teil 1 beträgt das Grundschwindmaß ϵ_{s0}:

$$\epsilon_{s0} = -32 \cdot 10^{-5} \tag{5}$$

Der Beiwert k_{ef} zur Berücksichtigung des Einflusses der Feuchte auf die wirksame Dicke kann mit $k_{ef} = 1,5$ nach Tabelle 8 DIN 4227 angenommen werden. Durch die Dämmplatten wird die Austrocknung nach unten behindert. Es kann deswegen mit einer wirksamen Dicke gerechnet werden von

$$d_{ef} = k_{ef} \cdot \frac{2A}{u} \tag{6}$$
$$= 1,5 \cdot \frac{2 \cdot 1,00 \cdot 0,18}{1,00} = 0,54 \text{ m}$$

Damit ergibt sich aus Bild 3 der DIN 4227 der Beiwert $k_s \approx 0,80$. Das maßgebende Schwindmaß ϵ_s erhält man als rechnerischen Endwert

$$\epsilon_s = k_s \cdot \epsilon_{s0} \tag{7}$$
$$= -0,80 \cdot 32 \cdot 10^{-5} = -26 \cdot 10^{-5}$$
$$\epsilon_s = -0,26 \text{ mm/m}$$

Mit diesem Wert kann die Längsverformung ermittelt werden.

Temperaturdehnung des Betons

Beim Nachweis der von Temperaturänderungen hervorgerufenen Verformung darf angenommen werden, daß die Temperatur jeweils in der ganzen Dachdecke gleich ist (DIN 1045, 16.5).

Die Temperaturdehnzahl α_T des Betons ist im wesentlichen abhängig von der Art des verwendeten Betonzuschlags (Tafel 5) [36]:

Tafel 5: Temperaturdehnzahlen α_T für verschiedene Betone

Beton aus Quarzkies	$\alpha_T = 1,0$ bis $1,3 \cdot 10^{-5} \text{K}^{-1}$	im Mittel $\alpha_T = 1,2 \cdot 10^{-5} \text{K}^{-1}$
Beton aus dichtem Kalkstein	$\alpha_T = 0,5$ bis $0,8 \cdot 10^{-5} \text{K}^{-1}$	im Mittel $\alpha_T = 0,7 \cdot 10^{-5} \text{K}^{-1}$
Beton aus Blähton	$\alpha_T = 0,7$ bis $1,0 \cdot 10^{-5} \text{K}^{-1}$	im Mittel $\alpha_T = 0,9 \cdot 10^{-5} \text{K}^{-1}$

Nach DIN 1045 ist für den Beton und für die Stahleinlagen folgende Temperaturdehnzahl α_T anzunehmen, wenn nicht im Einzelfall für den Beton ein anderer Wert durch Versuche nachgewiesen wird:

$$\alpha_T = 1{,}0 \cdot 10^{-5} K^{-1} \tag{8}$$

Die Temperaturdifferenzen, denen ein Betonflachdach ausgesetzt ist, sind wesentlich geringer als es vielfach angenommen wird. Instationäre Temperaturschwankungen werden durch die Kiesschicht stark gedämpft. Das gilt besonders bei starker Sonneneinstrahlung im Sommer. Untersuchungen des Instituts für Bauphysik in Stuttgart haben gezeigt, daß bei einigen Konstruktionen ganz bestimmte Temperaturverhältnisse zu erwarten sind (Tafel 6).

Tafel 6: Temperaturverhältnisse bei Betonflachdächern mit 5 cm Kiesschicht, 18 cm Beton und 5 cm Wärmedämmschicht [30]

Bauteil	Lufttemperaturen	
	Winter $-20\,°C$	Sommer $+35\,°C$
	Bauteiltemperaturen	
Oberseite Betondecke	$-12\,°C$	$+32\,°C$
Unterseite Betondecke	$-10\,°C$	$+31\,°C$
Mitte Betondecke	$-11\,°C$	$+31\,°C$
Mitte Betondecke	Temperaturdifferenz ΔT von $-11\,°C$ bis $+31\,°C = 42$ Kelvin	

Da die Kiesschicht heute mindestens 6 cm betragen soll, kann eine Temperaturdifferenz von rund 40 Kelvin (40 °C) angenommen werden.

Bei Annahme einer Herstelltemperatur von +10 °C ergibt sich eine Temperaturdifferenz für die Berechnung der Längsverformung von

$$\Delta T = \pm 20\, K \tag{9}$$

Mit der vorgenannten Temperaturdehnzahl α_T und der mittleren Temperaturdifferenz ΔT kann die Temperaturdehnung angegeben werden mit

$$\begin{aligned} \epsilon_T &= \pm \alpha_T \cdot \Delta T \\ &= \pm 1{,}0 \cdot 10^{-5} \cdot 20 = \pm 20 \cdot 10^{-5} \\ \epsilon_T &= \pm 0{,}20 \text{ mm/m} \end{aligned} \tag{10}$$

Gesamte Längsverformung

Die größte Länge soll bei einem Betonflachdach 20 m sein, die größte Entfernung eines Deckenteils vom Festhaltebereich 15 m (s. Abschn. 4.5). Damit erhält man eine maximale Längsverformung von

$$\begin{aligned} \Delta l &= (\epsilon_s \pm \epsilon_T) \cdot l_0 \\ &= (-0{,}26 - 0{,}20) \cdot 15 \\ \Delta l &= -6{,}9 \text{ mm} \end{aligned} \tag{11}$$

Für den Fall einer ungünstigen Herstelltemperatur im Sommer bei +25 °C erhält man eine Temperaturdifferenz zum Winter von $\Delta T = -35 K$ und eine Temperaturdehnung von $\epsilon_T = -0,35$ mm/m. Die Längsverformung beträgt dann:

$$\Delta l = (\epsilon_s \pm \epsilon_T) \cdot l_0$$
$$= (-0,26 - 0,35) \cdot 15$$
$$\Delta l = -9,2 \text{ mm}$$

Sollte umgekehrt nach einer niedrigen Herstelltemperatur von +5 °C eine Erwärmung stattfinden ($\Delta T = +35$ K), während sich das Schwinden des Betons noch nicht auswirkt, erhält man

$$\epsilon_T = \alpha_T \cdot \Delta T = +1,0 \cdot 10^{-5} \cdot 35$$
$$= +35 \cdot 10^{-5} = +0,35 \text{ mm/m}$$
$$\Delta l = \epsilon_T \cdot l_0 = 0,35 \cdot 15 = +5,3 \text{ mm}$$

Die größte denkbare Längenänderung für $\Delta T = 40$ K ergibt sich zu

$$\Delta l = (\epsilon_s + \epsilon_T) \cdot l_0$$
$$= (-26 \cdot 10^{-5} - 1,2 \cdot 10^{-5} \cdot 40) \cdot 15 \cdot 10^3$$
$$= -3,9 - 7,2$$
$$\Delta l = -11,1 \text{ mm}$$

Die tatsächlichen Längenänderungsdifferenzen zwischen Dachdecke und Unterkonstruktion sind in der Praxis kleiner. Auch die Unterkonstruktion ist Temperatureinflüssen ausgesetzt. Ihre Längen ändern sich also auch.

6.1.2 Biegeverformungen

Durch Biegeverformungen der Dachdecke entstehen an den Auflagern Verdrehungen. Dabei erhalten die darunterstehenden Wände ebenfalls Biegeverformungen, wenn die Dachdecke nicht mittig und frei drehbar gelagert ist. Die Dachdecke hebt sich außen von der Wand ab; sie kann sich an den Ecken vollständig abheben.

Die Berechnung der Biegeverformungen ist im allgemeinen nicht sinnvoll. Die Steifigkeit der Dachdecke reicht in der Regel nicht aus, um waagerechte Risse im Auflager zu verhindern. Die vorgenannten Probleme entstehen bei Dachdecken nicht, die auf Gleitlagern liegen und die mit Randaufkantungen ausgebildet sind. Die Gleitlager gestatten Bewegungen der Dachdecke auf den Wänden, sowohl für Längs- als auch für Biegeverformungen. Die Randaufkantung erhöht die Steifigkeit der Decke (Bild 48).

Es ist selbstverständlich, daß zur Beschränkung der Durchbiegung die Biegeschlankheit nicht zu groß werden darf. Deshalb soll die statische Höhe nicht kleiner sein als

$$h \geq \alpha \cdot l/35 = l_i/35 \qquad (12)$$

Sie darf außerdem nicht kleiner sein als

$$h \geq l_i^2/150 \qquad (13)$$

Die letzte Forderung dient im wesentlichen der Rißfreiheit nichtbelasteter Trennwände *unter* der Dachdecke.

Diese Biegeverformung kann durch Schwinden und Kriechen verstärkt werden. In Trockenperioden wird der Beton im oberen Bereich der Decke stärker ausgetrocknet sein als im unteren Bereich. Dadurch können sich im Feld zusätzliche Durchbiegungen nach

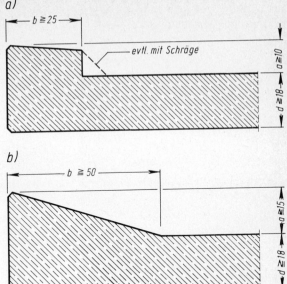

Bild 48: Erforderliche Abmessungen für Randaufkantungen
a) bei Dächern mit Innendämmung zu bevorzugen
b) bei Dächern mit Außendämmung möglich

unten ergeben. In gleicher Richtung wirkt das Kriechen. Der obere Deckenbereich wird auf Druck beansprucht; er verkürzt sich daher im jungen Alter durch Kriechen.

Die gesamten Biegeverformungen sind jedoch bei ausreichender statischer Höhe für die auf Gleitlagern liegende Dachdecke wegen der freien Verformbarkeit belanglos.

6.2 Wärmeschutz

In DIN 4108 „Wärmeschutz im Hochbau" von 1981 und im „Gesetz zur Einsparung von Energie in Gebäuden" mit der „Verordnung über einen energiesparenden Wärmeschutz bei Gebäuden" von 1977 werden Anforderungen an den Wärmeschutz im Winter gestellt. Forderungen nach einem bestimmten Wärmeschutz im Sommer bestehen nicht.

Im Teil 2 der DIN 4108 werden Empfehlungen für den Wärmeschutz im Sommer gegeben. Danach sollen bei Gebäuden ohne raumlufttechnische Anlagen zulässige Werte für das Produkt aus Gesamtenergiedurchlaßgrad der Fenster g_F und Fensterflächenanteil f eingehalten werden.

6.2.1 Stationärer Wärmedurchgang (Winter)

Der Wärmedurchgang wird durch einen vorgeschriebenen Mindest-Wärmedurchlaßwiderstand begrenzt. Hierbei wird eine konstante Innen- und Außentemperatur angenommen: man hat es mit einem „stationären Wärmedurchgang" zu tun.

Der Wärmedurchlaßwiderstand $1/\Lambda$ errechnet sich bei mehrschichtigen Bauteilen aus der Summe der Schichtdicken s bezogen auf ihre Wärmeleitfähigkeit λ

$$1/\Lambda = s_1/\lambda_1 + s_2/\lambda_2 + \ldots \quad [m^2 K/W] \tag{14}$$

Der Wärmedurchgangskoeffizient k (kurz genannt k-Wert) wird berechnet aus dem Kehrwert der Summe der Wärmeübergangswiderstände $1/\alpha$ (innen und außen) und dem Wärmedurchlaßwiderstand $1/\Lambda$

$$k = \frac{1}{1/\alpha_i + 1/\Lambda + 1/\alpha_a} \quad [\text{W}/\text{m}^2\,\text{K}] \tag{15}$$

Die Wärmeübergangswiderstände, mit denen bei Decken zu rechnen ist, die Aufenthaltsräume nach oben gegen die Außenluft abgrenzen, sind in DIN 4108 festgelegt:

$$1/\alpha_i = 0{,}13 \text{ m}^2\,\text{K}/\text{W} \qquad 1/\alpha_a = 0{,}04 \text{ m}^2\,\text{K}/\text{W} \tag{16}$$
$$1/\alpha_i + 1/\alpha_a = 0{,}17 \text{ m}^2\,\text{K}/\text{W}$$

Anforderungen an Flachdächer

Die zur Zeit gültigen Anforderungen zum Wärmeschutz an Dachdecken sind in Tafel 7 zusammengestellt.

Tafel 7: Wärmeschutz bei Flachdächern nach DIN 4108 und Wärmeschutzverordnung

Wärmeschutz-Forderungen	Wärmedurchlaß-widerstand $1/\Lambda$ m²K/W	Wärmedurchgangs-koeffizient k W/(m²K)
für Mindestwärmeschutz nach DIN 4108 an der ungünstigsten Stelle (Wärmebrücke)	0,80	1,03
im Mittel	1,10	0,79
für erhöhten Wärmeschutz nach Wärmeschutzverordnung mit k_m für Wände + Fenster $\leq 1{,}45$	2,05	0,45
mit k_m für Wände + Fenster $\leq 1{,}55$	2,46	0,28

Wärmeschutz durch Flachdächer mit Innendämmung

Der erreichbare Wärmeschutz eines Flachdaches ist zu erkennen beim Vergleich des vorhandenen $1/\Lambda$- oder k-Wertes mit den Anforderungen der Tafel 7. In der nachstehenden Tafel 8 wird die Berechnung gezeigt.

Tafel 9 gibt die errechneten $1/\Lambda$-Werte und k-Werte für andere Dicken von Dämmschicht und Betondecke an.

Aus den errechneten Werten der Tafel 9 ist zu ersehen, daß eine Dämmschichtdicke von 7 cm bereits ein behagliches Wohnklima im Wärmedämmgebiet III schafft. Das bedeutet, daß hierbei keine „Kältestrahlung" von der Dachdecke empfunden wird. Die Temperatur an der Unterseite des Flachdaches ist nicht niedriger als $+16\,°\text{C}$, so daß ein Temperatursprung zwischen Raumluft und Bauteilgrenzfläche von 4 K nicht überschritten wird. „Kältestrahlungen" werden bei Temperaturdifferenzen von mehr als 4 K empfunden.

Tafel 8: Berechnung des Wärmedurchlaßwiderstandes $1/\Lambda$ und des Wärmedurchgangskoeffizienten k

Konstruktion und Schichtenfolge	Schichtdicke s in m	Wärmeleitfähigkeit in W/(mK)	$1/\alpha$ bzw. s/λ
Übergang Außenluft/Bauteil	–	–	(0,04)
6 cm Kiesschüttung	0,06	–	–
18 cm Betondecke	0,18	2,10	0,09
8 cm Dämmplatten	0,08	0,041	1,95
Übergang Bauteil/Innenluft	–	–	(0,13)
Summe	0,30		$1/k$ = 2,21
			$1/\Lambda$ = 2,04
			k = 0,45

Tafel 9: Wärmedurchlaßwiderstand $1/\Lambda$ und Wärmedurchgangskoeffizient k für verschiedene Dicken der Dämmschicht und Betondecke

Dicke der Betondecke	Wärmedurchlaßwiderstand und Wärmedurchgangskoeffizient $1/\Lambda$ in m² K/W k in W/m² K									
	____Dämmschichtdicke____									
	6 cm		7 cm		8 cm		10 cm		12 cm	
	$1/\Lambda$	k	$1/\Lambda$	k	$1/\Lambda$	k	$1/\Lambda$	k	$1/\Lambda$	k
18 cm	1,55	0,58	1,80	0,51	2,04	0,45	2,53	0,37	3,02	0,31
20 cm	1,56	0,58	1,80	0,51	2,05	0,45	2,53	0,37	3,03	0,31
22 cm	1,57	0,57	1,81	0,51	2,06	0,45	2,54	0,37	3,03	0,31
24 cm	1,58	0,57	1,82	0,50	2,07	0,45	2,55	0,37	3,04	0,31
26 cm	1,59	0,57	1,83	0,50	2,08	0,44	2,56	0,37	3,05	0,31

Dem erhöhten Wärmeschutz wird durch 8 cm Dämmschichtdicke entsprochen, wenn die Dachdecke eine zu geringe Dämmfähigkeit der Wand- und Fensterflächen ausgleichen muß (bei $k_{m,W+F} \leq 1,45$, da vorh k mit 0,45 W/(m² K) dem zulässigen Wert von zul k = 0,45 W/(m² K) entspricht; s. Tafel 7).

6.2.2 Instationärer Wärmedurchgang (Sommer)

Die Wärmeaufnahme durch Sonneneinstrahlung kann bei Flachdächern sehr kritisch sein. Sie ist von verschiedenen Einflüssen abhängig, besonders aber von der Farbe oder dem Absorptionsvermögen der obersten Schicht des Daches.

Die Aufheizung bei einem „Schwarzdach" ist sehr groß, da etwa 95% der Wärmestrahlen absorbiert, also nicht reflektiert werden. Nach dieser wärmeaufnehmenden Schicht folgt eine Wärmedämmschicht. Der Wärmeabfluß wird verhindert, es kommt zum Wärmestau, die oberste Schicht heizt sich immer mehr auf, es entstehen ggf. Temperaturen bis zu 80 °C.

Dieser Vorgang ist bei einem unterseitig gedämmten Betonflachdach mit oben liegender Kiesschicht völlig ausgeschlossen. Durch die helle Kiesschicht wird der größte Teil der Sonneneinstrahlung reflektiert. Der andere Teil der Strahlung erwärmt zunächst die Kiesschicht. Diese ist sehr hohlraumreich, die Erwärmung erfolgt langsam. Erst danach erwärmt sich die Betondecke. Ein schnelles Aufheizen oder Abkühlen erfolgt nicht. Die Temperaturdifferenzen werden gering gehalten, auch bei Gewitterregen im Sommer oder Nachtfrost im Winter. Die Dachdecke selbst kann die Temperaturänderungen durch Bewegung auf den Gleitlagern zwangfrei aufnehmen.

Das Institut für Bauphysik in Stuttgart hat Temperaturmessungen an Betonflachdächern durchgeführt [25]. Die Versuchsdauer erstreckte sich über ein ganzes Jahr. Die Meßergebnisse zeigten, daß die Oberflächentemperaturen wesentlich unter den Werten liegen, die vielfach in der Literatur angegeben werden (Bild 49). Die Temperaturspitze an der Kiesschichtoberseite kann bei 35 bis 50 °C liegen, wobei die Temperatur an der Betondeckenoberseite bei 32 °C liegt (s. Tafel 6). Die Kiesschicht wirkt als hervorragende „thermische Pufferschicht".

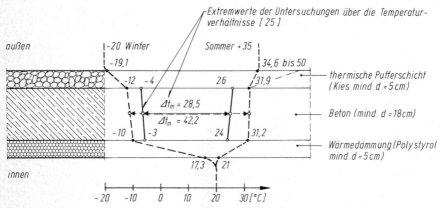

Bild 49: Temperaturverteilung in unterseitig gedämmten Betonflachdächern [25]

Das thermische Verhalten des Flachdachs ist bei wechselnden Temperaturen besonders durch die Temperaturamplitudendämpfung und die Phasenverschiebung gekennzeichnet.

Temperaturamplitudendämpfung η

Sie gibt an, in welchem Maße eine außenseitige Temperaturamplitude (Temperaturausschwingung) durch ein Bauteil gedämpft wird. Nur ein Teil der außen stattfindenden Temperaturschwankungen wird also innen ankommen. Das Verhältnis der Innentemperaturamplitude A_i zur Außentemperaturamplitude A_a wird ausgedrückt durch den Dämpfungswert η

$$\eta = A_i/A_a < 1 \tag{17}$$

In Tafel 10 sind die ermittelten Temperaturamplituden-Dämpfungswerte für Betonflächen mit unterseitiger Dämmschicht zusammengestellt.

Tafel 10: Temperaturamplituden-Dämpfungswerte η für unterseitig gedämmte Betonflachdächer [43]

Deckendicke (cm)	Temperaturamplituden-Dämpfungswerte $\eta = A_i/A_a$									
	Aufbau: Kies(5cm)/Betondecke/Dämmschicht					Aufbau: Kies(5cm)/Betondecke/Dämmschicht/Putz(1,5cm)				
	Dämmschichtdicke (Polystyrol) (cm)					Dämmschichtdicke (Polystyrol) (cm)				
	6	7	8	9	10	6	7	8	9	10
18	0,322	0,316	0,309	0,300	0,289	0,095	0,082	0,072	0,064	0,057
20	0,281	0,276	0,270	0,262	0,252	0,083	0,072	0,063	0,056	0,050
22	0,246	0,242	0,236	0,229	0,221	0,073	0,063	0,055	0,049	0,044
24	0,215	0,212	0,207	0,201	0,194	0,064	0,055	0,048	0,043	0,039
26	0,190	0,187	0,182	0,177	0,170	0,056	0,049	0,043	0,038	0,034

Beispiel:

Aus den Temperaturamplituden-Verhältniswerten der Tafel 10 ist folgendes zu erkennen:

Bei einem Flachdach mit 18 cm Beton und 8 cm Dämmung kommen 30,9% der äußeren Temperaturschwankung innen an, da $\eta = 0,309$. Bei zusätzlichem Deckenputz verringert sich der Wert auf 7,2%, da $\eta = 0,072$. Sollte außen im Laufe eines Sommertages die Temperatur zwischen 15 und 35 °C schwanken ($A_a = 20$ K), werden innen weniger als 2 K Temperaturdifferenz an der Deckenunterseite feststellbar sein:

$$A_i = \eta \cdot A_a = 0,072 \cdot 20 = 1,4 \text{ K}$$

Diese Temperaturschwankungen sind für das Raumklima unbedeutend.

Phasenverschiebung Φ

Durch die Dachkonstruktion wird nicht nur die Temperaturschwankung gedämpft, sie wird auch zeitlich verschoben. Abhängig vom Wärmedurchlaßwiderstand $1/\Lambda$, von der Masse und von anderen Stoffeigenschaften wird diese zeitliche Verschiebung der Temperaturphase länger oder kürzer sein. Es ist gut, wenn die Phasenverschiebung so groß ist, daß die gedämpfte Tageshitze innen erst eintritt, wenn außen die Temperatur inzwischen gefallen ist. Die innen ankommende Wärme kann durch Lüften nach außen wieder abgegeben werden.

In Tafel 11 sind die Phasenverschiebungen Φ für Flachdächer aus Beton mit unterseitiger Dämmung in Stunden angegeben.

Tafel 11: Phasenverschiebung Φ für unterseitig gedämmte Betonflachdächer [43]

Decken-dicke (cm)	Phasenverschiebungen im Temperaturgang in Stunden									
	Aufbau: Kies (5 cm) / Betondecke / Dämmschicht					Aufbau: Kies (5 cm) / Betondecke / Dämmschicht / Putz (1,5 cm)				
	Dämmschichtdicke (Polystyrol) (cm)					Dämmschichtdicke (Polystyrol) (cm)				
	6	7	8	9	10	6	7	8	9	10
18	7,29	7,58	7,92	8,28	8,66	11,49	11,76	12,01	12,24	12,47
20	7,76	8,05	8,39	8,75	9,13	11,96	12,23	12,48	12,71	12,94
22	8,22	8,52	8,85	9,21	9,60	12,43	12,70	12,94	13,18	13,40
24	8,68	8,98	9,31	9,68	10,06	12,89	13,16	13,41	13,64	13,87
26	9,14	9,44	9,78	10,14	10,52	13,35	13,62	13,87	14,10	14,33

Beispiel:

Für ein 18 cm dickes Betonflachdach mit 8 cm Dämmung beträgt die Phasenverschiebung bei ungeputzter Deckenunterseite Φ = 7,92 Stunden, bei geputzter Decke Φ = 12,01 Stunden. In beiden Fällen ist die Zeit so groß, daß beim Eintreffen der Temperaturspitze im Raum die Außentemperatur stark abgefallen ist (Abend- oder Nachtstunden). Leichte Flachdächer verhalten sich wesentlich ungünstiger; hier wird die Phasenverschiebung sehr kurz sein.

6.3 Feuchteschutz

In bauphysikalischer Hinsicht verhalten sich Flachdächer aus Beton gut und können als einwandfrei beurteilt werden. Dies gilt für Wassereinwirkung von außen und auch für Dampfbeanspruchung von innen.

6.3.1 Wasserundurchlässigkeit

Beton ist nach DIN 1045 wasserundurchlässig herstellbar. Hierzu ist ein genügend kleiner Wasserzement (w/z ≈ 0,55), eine gute Verarbeitung und ein ausreichend langes Feuchthalten nötig. Diese Nachbehandlung sorgt dafür, daß die Hydratation (Festigkeitsentwicklung) weiter fortschreitet. Durch einen höheren Hydratationsgrad (≧ 80%) wird ein dichtes Betongefüge erreicht (Bild 50). Da eine zwängungsfreie Lagerung durch Gleitlager gegeben ist, besteht auch für später keine Riß- und Durchfeuchtungsgefahr.

Die zulässige Wassereindringtiefe des Betons bei Prüfung nach DIN 1048 beträgt im Mittel 50 mm. Dabei wird ein Wasserdruck bis zu 7 bar aufgebracht, das entspricht einem Druck von 70 m Wassersäule. In der Praxis wird die Wassereindringtiefe kaum mehr als 1 cm betragen. Die Decke ist mindestens 18 cm dick.

6.3.2 Wasserdampfdiffusion

Die Bedeutung der Wasserdampfdiffusion wird meistens überschätzt. Der Feuchtetransport durch die Bauteile spielt bei Wohn- und Büroräumen oder ähnlich genutzten Gebäuden keine Rolle. Durch Lüften wird eine vielfach größere Feuchtemenge aus den Räumen abgeführt. Durch die Undichtigkeiten an Fenstern und durch die Luftdruckdifferenz

Bild 50: Wasserundurchlässigkeit von Zementstein in Abhängigkeit von der Kapillarporosität und vom Wasserzementwert [46]

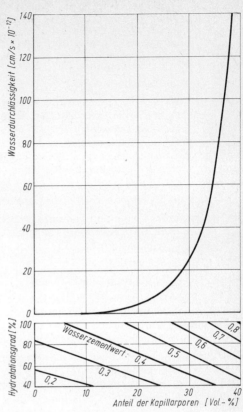

zwischen Raum- und Außenluft ist mit einem einmaligen Luftwechsel je Stunde zu rechnen. Aus hygienischen Gründen ist aber ein drei- bis fünffacher Luftwechsel nötig. In Tafel 12 wird gegenübergestellt, welche Feuchtemenge durch Dampfdiffusion bzw. durch Luftwechsel bei üblichen Verhältnissen abgeführt wird.

Tafel 12: Abgeführte Feuchtemenge aus einem Wohnraum [25]

Außenluft- temperatur °C	abgeführte Feuchtemenge in g/h	
	infolge Dampfdiffusion durch Außenwände	durch 1fachen Luftwechsel
−20	5,5	436
−10	4,8	378
0	3,2	242
+10	0,4	15
Wohnraum 4,0 · 2,6 m mit 2 Außenwänden aus Hochlochziegeln 24 cm + Putz mit $\mu = 10$, Fenster 6 m², Raumlufttemperatur +22 °C, rel. Luftfeuchte innen 40%, außen 80%.		

Aus diesen Ergebnissen ist zu erkennen, daß die Feuchtemenge bei Dampfdiffusion nur 1% bis 3% der Feuchtemenge ausmacht, die durch einen einfachen Luftwechsel bei undichten Fenstern abgeführt wird. Die durch die Dachdecke maximal eindiffundierbare Feuchtemenge ist selbst bei hohem Wasserdruck wesentlich geringer.

6.3.3 Tauwasserbildung

Ausgangswerte zur Berechnung des klimabedingten Feuchteschutzes werden in DIN 4108 Teil 3 genannt, ebenso die Anforderungen, die für den Tauwasserschutz zu erfüllen sind. Es heiß dort: „Eine Tauwasserbildung in Bauteilen ist unschädlich, wenn durch Erhöhung des Feuchtegehalts der Bau- und Dämmstoffe der Wärmeschutz und die Standsicherheit der Bauteile nicht gefährdet werden. Diese Voraussetzungen sind gewährleistet, wenn folgende Bedingungen erfüllt sind:

a) Das während der Tauperiode im Innern des Bauteils anfallende Wasser muß während der Verdunstungsperiode wieder an die Umgebung abgeführt werden können.

b) Die Baustoffe, die mit dem Tauwasser in Berührung kommen, dürfen nicht beschädigt werden (z. B. durch Korrosion, Pilzbefall).

c) Bei Dach- und Wandkonstruktionen darf eine Tauwassermasse von insgesamt 1,0 kg/m² nicht überschritten werden.

Dies gilt nicht für die Bedingungen d) und e).

d) Tritt Tauwasser an Berührungsflächen von kapillar nicht wasseraufnahmefähigen Schichten auf, so darf zur Vermeidung des Ablaufens oder Abtropfens eine Tauwassermasse von 0,5 kg/m² nicht überschritten werden (z. B. Berührungsflächen von Luft- oder Faserdämmstoffschichten einerseits und Beton- oder Dampfsperrschichten andererseits).

e) Bei Holz ist eine Erhöhung des massebezogenen Feuchtegehaltes um mehr als 5%, bei Holzwerkstoffen um mehr als 3% unzulässig (Holzwolle-Leichtbauplatten nach DIN 1101 und Mehrschicht-Leichtbauplatten aus Schaumkunststoffen und Holzwolle nach DIN 1104 Teil 1 sind hiervon ausgenommen)."

Tafel 13: Vereinfachte Annahmen zur Berechnung der Tauwassermenge bei Aufenthaltsräumen für Menschen nach DIN 4108

Klimabedingungen als Berechnungsannahmen	
Befeuchtungsperiode (Winter)	
Außenklima	−10 °C, 80% rel. Luftfeuchte
Innenklima	+20 °C, 50% rel. Luftfeuchte
Dauer	1440 Stunden (60 Tage)
Trocknungsperiode (Sommer)	
Außenklima	+12 °C, 70% rel. Luftfeuchte
Dachdeckenoberfläche	+20 °C
Innenklima	+12 °C, 70% rel. Luftfeuchte
Klima im Tauwasserbereich	Temperatur entsprechend Temperaturgefälle von außen nach innen, 100% rel. Luftfeuchte.
Dauer	2160 Stunden (90 Tage)

Zum Nachweis eines ausreichenden klimabedingten Feuchteschutzes kann mit den Annahmen der Tafel 13 gerechnet werden.
Bei Feuchträumen (z. B. Badezimmer) kann sich die unterseitige Dämmung nachteilig auswirken. Hier kann es erforderlich werden, eine Untertapete mit dampfbremsender Wirkung anzubringen. Hierbei sollte stets der Wert $\mu \cdot s = 100$ m erreicht werden.
Bei Naßräumen (z. B. Schwimmhallen) ist es die sicherste Maßnahme, als Dämmschicht Schaumglas nach DIN 18174 zu verwenden. Schaumglas ist praktisch dampfdicht. Tauwasser kann sich hier in der Konstruktion nicht bilden. Kondenswasser kann an der Unterseite einer 8 cm dicken Dämmung erst entstehen, wenn bei einer Raumtemperatur von 20 °C die relative Luftfeuchte 86% überschreitet.

Die Wärmeleitfähigkeit λ_R und die Wasserdampfdiffusionswiderstandszahl μ sind in DIN 4108 Teil 4 angegeben. Die μ-Werte sind diffusionsäquivalente Luftschichten. Sie geben also an, um wieviel diffusionsdichter der Stoff im Vergleich zu Luft ist (vgl. Tafel 14).

Tafel 14: Rechenwerte der Wärmeleitfähigkeit und Richtwerte der Wasserdampfdiffusionswiderstandszahlen der Dachbaustoffe nach DIN 4108

Stoff	Trockenrohdichte in kg/m³	Wärmeleitfähigkeit λ_R in W/(m · K)	Wasserdampfdiffusionswiderstandszahl μ
Kiesschüttung	1800	–	–
Beton	2400	2,10	70 bis 150
Polystyrol-Hartschaum 030	30	0,041	40 bis 100
Polystyrol-Extruderschaum 035	35	0,035	80 bis 300
Schaumglas 050	100 bis 150	0,050	praktisch dampfdicht

Beispiel:
Die Berechnung der anfallenden Tauwassermenge soll in Tafel 15 und 16 gezeigt werden. Sie kann gleichzeitig als Nachweis für die Funktionsfähigkeit der Betonflachdächer mit unterseitiger Wärmedämmung dienen.

Die Ergebnisse des Rechenbeispiels zeigen, daß selbst unter den äußerst ungünstigen Annahmen die Funktionsfähigkeit voll erhalten bleibt.

In der Frostperiode (60 Tage lang mit -10°C) sammelt sich theoretisch an der Grenzzone zwischen Dämmschicht und Stahlbetondecke 257 g Wasser je m² an. Die Feuchtemenge bleibt unter 500 g/m². Würde dieses Wasser von der Dämmschicht aufgenommen, erhöht sich ihr Feuchtegehalt um 0,32 Volumen-%. Das ist unbedeutend, dieser Feuchtegehalt erhöht die Wärmeleitfähigkeit lediglich um 2 bis 3%. In Tafel 17 sind Feuchtegehalte verschiedener Stoffe zusammengestellt, die die Wärmeleitfähigkeit um 10% vergrößern.

In der Austrocknungszeit (90 Tage lang $+12$ °C) kann eine Feuchtemenge von 316 g/m² wieder zurückdiffundieren. Diese Menge ist gar nicht vorhanden. Die Konstruktion trocknet also wieder vollständig aus.

Tafel 15: Berechnung der Tauwasserbildung während der Frostperiode bei einem Betonflachdach mit unterseitiger Dämmung [14]

1	2	3	4	5	6	7	8	9	10	11	12	13	14	15
Zustand	Schichtfolge	s [m]	λ $\left[\frac{W}{mk}\right]$	$\frac{s}{\lambda};\frac{1}{\alpha}$ $\left[\frac{m^2 K}{W}\right]$	ΔT_n [K]	T [°C]	μ [1]	N $\left[\frac{ms\,Pa}{kg}\right]$	R_D $\left[\frac{m^2 s\,Pa}{kg}\right]$	Δp_n [Pa]	p_{tr} [Pa]	p_s [Pa]	p_f [Pa]	Bemerkungen
Frostperiode 60 Tage (51,8 · 10⁵ s)	Raumluft			0,13	1,8	+20,0					1170	2340		$\varphi_i = 50\%$
						+18,2					1170	2091	1170	zul $\varphi = 89\%$
	Dämmschicht	0,08	0,041	1,95	26,5		40	54	173	−99	1071	301	301	Stelle χ
	Stahlbeton	0,18	2,10	0,09	1,2	−8,3	150	56	1512	−863	208	272	208	
	Kiesschicht	0,06	−	−	−	−9,5						272	208	
						−9,5					208	260		
	Außenluft			0,04	0,5	−10,0		10⁸	10⁸		208			$\varphi_a = 80\%$
	Summe	0,30		2,21	30,0				1685	−962				

Wärmedurchlaßwiderstand:
vorh $\frac{1}{\Lambda} = \Sigma \frac{s}{\lambda} = 1,95 + 0,09 = 2,04 \frac{m^2 K}{W}$

erf $\frac{1}{\Lambda} = 1,10 \frac{m^2 K}{W}$ (vgl. Tafel 7)

Wärmedurchgangskoeffizient:
vorh $k = \frac{1}{\Sigma \frac{s}{\lambda} + \Sigma \frac{1}{\alpha}} = \frac{1}{2,21} = 0,45 \frac{W}{m^2 K}$

zul $k = 0,79$ bzw. $= 0,45 \frac{W}{m^2 K}$ (vgl. Tafel 7)

$R_{Di} = 173 \cdot 10^8 \frac{m^2 s\,Pa}{kg}$ $R_{Da} = 1512 \cdot 10^8 \frac{m^2 s\,Pa}{kg}$

$\Delta p_i = 1170 - 301 = 869$ Pa $\Delta p_a = 301 - 208 = 93$ Pa

Diffusionsstromdichte:
$i = \frac{\Delta p_i}{R_{Di}} - \frac{\Delta p_a}{R_{Da}} = \left(\frac{869}{173} - \frac{93}{1512}\right) \cdot \frac{10^3}{10^8} = 4,96 \cdot 10^{-5} \frac{g}{m^2 s}$; $u_v = \frac{W}{s_x} \cdot 10^{-4} = \frac{257}{0,08} \cdot 10^{-4} = 0,32$ Vol-%

$W = i \cdot t = 4,96 \cdot 51,8 = 257 \frac{g}{m^2} < 500 \frac{g}{m^2}$

Tafel 16: Berechnung der Tauwasseraustrocknung während der wärmeren Jahreszeit bei einem Betonflachdach mit unterseitiger Dämmung [14]

1	2	3	4	5	6	7	8	9	10	11	12	13	14	15
Zustand	Schichtfolge	s [m]	λ $\left[\frac{W}{mk}\right]$	$\frac{s}{\lambda}; \frac{1}{\alpha}$ $\left[\frac{m^2 K}{W}\right]$	ΔT_n [K]	T [°C]	μ [1]	N $\left[\frac{ms\,Pa}{kg}\right]$	R_D $\left[\frac{m^2 s\,Pa}{kg}\right]$	Δp_n [Pa]	p_{tr} [Pa]	p_s [Pa]	p_f [Pa]	Bemerkungen
Austrocknungszeit 90 Tage (77,8 · 10⁵ s)	Raumluft			0,13	0,5	+12,0					982	1403		$\varphi_i = 70\%$
	Dämmschicht	0,08	0,041	1,95	7,1	12,5	100	52	416		982	1450	982	zul $\varphi =$ %
	Stahlbeton	0,18	2,10	0,09	0,3	19,6	150	52	1404			2283	1403	Stelle x
	Kiesschicht	0,06				19,9								
	Außenluft			0,04	0,1	+20,0		10⁸	10⁸		982	2340		$\varphi_a = 42\%$
	Summe	0,30		2,21	8,0				1820					

Wärmedurchlaßwiderstand:

vorh $\frac{1}{\Lambda} =$

erf $\frac{1}{\Lambda} =$

Wärmedurchgangskoeffizient:

vorh k =

zul k =

$R_{Di} = 416 \cdot 10^8 \frac{m^2 s\,Pa}{kg}$

$\Delta P_i = 982 - 2283 = -1301$ Pa

Diffusionsstromdichte:

$i = \frac{\Delta P_i}{R_{Di}} - \frac{\Delta P_a}{R_{Da}} = \left(\frac{-1301}{416} - \frac{+1301}{1404}\right) \cdot \frac{10^3}{10^8} = -4,06 \cdot 10^{-5} \frac{g}{m^2 s}$

$W = i \cdot t = 4,06 \cdot 77,8 = 316 \frac{g}{m^2}$; $u_V = \frac{W}{s_x} \cdot 10^{-4} = 0,0$ Vol-%

$> 257 \frac{g}{m^2}$

$R_{Da} = 1404 \cdot 10^8 \frac{m^2 s\,Pa}{kg}$

$\Delta P_a = 2283 - 982 = +1301$ Pa

Tafel 17: Feuchtegehalt, der die Wärmeleitfähigkeit um 10% vergrößert [14]

1	2
Stoff	Feuchtegehalt u_v Vol-%
1. Schaumkunststoffe 20 bis 50 kg/m³	1,2 bis 3,1
2. Mineralische Faserdämmstoffe	0,6
3. Korkplatten	1,6
4. Holzwolle-Leichtbauplatten 400 kg/m³	4,0
5. Holzfaserdämmplatten 250 kg/m³	2,4

6. Polystyrol-Schaumstoff-Beton 200 kg/m³
                                               600 kg/m³
                                              1000 kg/m³
	0,8
	2,0
	4,0

7. Gasbeton 500 kg/m³	3,3
8. Leichtbeton ohne Quarzsand	5,0
9. Leichtbeton mit Quarzsand	4,0

6.4 Schallschutz

Drei unterschiedliche Beanspruchungen sind zu berücksichtigen:

☐ Luftschallübertragung in Nachbarräume,

☐ Lärm von außen,

☐ Trittschall bei begehbaren Dächern.

Das Verhalten der Betonflachdächer wird nachfolgend gezeigt.

6.4.1 Luftschallschutz innerhalb des Gebäudes

In DIN 4109 werden in dieser Hinsicht keine Anforderungen an Dachdecken gestellt; in Teil 2 (Tabelle 1 Zeile 5) wird für Decken unter Terrassen, Loggien und Laubengängen für das bewertete Schalldämm-Maß R'_w (bzw. das frühere Luftschallschutzmaß LSM) weder ein Mindestwert noch ein Wert für den erhöhten Schallschutz genannt. Es wird jedoch auf die Luftschalldämmung gegen Außenlärm verwiesen.

Tafel 18: Bewertetes Schalldämm-Maß R'_w für Stahlbetondecken nach DIN 4109

Dicke der Stahlbetondecke in cm	flächenbezogene Masse in kg/m²	bewertetes Schalldämm-Maß R'_w in dB
18	450	55
20	500	56
22	550	57
24	600	58
26	650	59

Die Stahlbetondecke ist genügend schwer, um gut wirksam gegen Luftschall zu sein. Nach dem Berger'schen Gesetz ist das bewertete Schalldämm-Maß R'_w direkt von der flächenbezogenen Masse in kg/m² abhängig.

Durch einen Vergleich kann deutlich werden:

Die Anforderungen für Decken zwischen fremden Arbeitsräumen, Wohnungstrenndecken oder für Decken unter nutzbaren Dachräumen betragen z. B. als Mindestwert $R'_w = 55$ dB und für den erhöhten Schallschutz $R'_w = 57$ dB.

Diese Anforderungen könnte eine 22 cm dicke Stahlbetondecke erfüllen.

Auf die mögliche Schall-Längsleitung über Trennwände ist noch hinzuweisen. Wenn die Dämmschicht über der Wand durchgeführt wird, kann sie den Schall weiterleiten. Es ist daher zu empfehlen, die Dämmschicht auf der Wand zu unterbrechen und nicht durchzuführen. Sie sollte in diesem Bereich durch Mineralwollmatten ersetzt werden.

Bei Wohnungstrennwänden ist wegen der Schallübertragung die Dachdecke durch eine Dehnfuge zu trennen.

Eine weitere Schall-Längsleitung kann durch eine Innendämmung der Ringanker auf den Außenwänden geschehen. Es ist daher bei den Ringankern am besten nur eine Außendämmung anzusetzen (s. Abschnitt 4.1).

Der Luftschallschutz innerhalb des Gebäudes ist stark abhängig von der Ausbildung der Deckenunterseite. Die Dämmschicht sollte nicht verputzt werden. Durch einen Putz entsteht wegen der relativ großen dynamischen Steifigkeit der Dämmplatten ein ungünstiges Schwingungssystem. Es treten Resonanzerscheinungen auf. Durch eine normaldicke Putzschicht wird also der Schallschutz negativ beeinflußt.

Bei Gebäuden, in denen diese Verschlechterung des Schallschutzes nicht hingenommen werden kann, sind folgende Möglichkeiten für die Gestaltung der Deckenunterseite gegeben:

☐ Spachteln und Streichen oder Tapezieren der Deckenunterseite,

☐ Haftgipsputz in dünner Schicht,

☐ untergehängte Holz- oder Akustikdecke.

6.4.2 Schutz gegen Außenlärm

Flachdächer aus Beton eignen sich für den Schutz gegen Außenlärm in hervorragender Weise. Sie sind genügend schwer.

Nach DIN 4109 Schallschutz im Hochbau (Teil 6: Bauliche Maßnahmen zum Schutz gegen Außenlärm) erfolgt je nach Straßenverkehr, Schienen- und Wasserverkehr, Industrie- und Gewerbelärm sowie Fluglärm eine Einteilung in Lärmpegelbereiche 0 bis V. Davon abhängig ist der maßgebliche Außenlärmpegel.

Tafel 19: Lärmpegelbereiche nach DIN 4109

Lärmpegelbereiche	0	I	II	III	IV	V
Maßgebliche Außenlärmpegel in dB	≤ 50	51 bis 56	56 bis 60	61 bis 65	66 bis 70	>70

Für die Außenbauteile von Aufenthaltsräumen sind in den verschiedenen Lärmpegelbereichen die in Tafel 20 aufgeführten Mindestwerte der Luftschalldämmung einzuhalten.

Tafel 20: Mindestwerte der Luftschalldämmung von Außenbauteilen (Wand, Fenster, erforderlichenfalls Dach) nach DIN 4109

Lärmpegelbereich nach Tafel 19	Raumarten					
	Bettenräume in Krankenanstalten und Sanatorien		Aufenthaltsräume in Wohnungen, Übernachtungsräume in Beherbergungsstätten, Unterrichtsräume		Büroräume	
	Bewertetes Schalldämm-Maß R'_w (für Außenwände) bzw. R_w (für Fenster) in dB					
	Außenwand	Fenster	Außenwand	Fenster	Außenwand	Fenster
0	30	25	30	25	30	25
I	35	30	30	25	30	25
II	40	35	35	30	30	25
III	45	40	40	35	30	30
IV	50	45	45	40	35	35
V	55	50	50	45	40	40

Vergleicht man diese Forderungen mit den bewerteten Schalldämm-Maßen der Stahlbetonflachdächer in Tafel 18 stellt man fest, daß die Dachdecke mit 18 cm Dicke auch für den ungünstigsten Fall ausreicht: Bettenräume in Krankenhäusern, die im Lärmpegelbereich V liegen. Im Lärmbereich V herrscht z. B. eine Verkehrsbelastung von tagsüber 3000 bis 5000 Fahrzeugen pro Stunde (vier- bis sechsspurige Hauptverkehrsstraße oder Autobahn im Abstand ≤ 100 m).

6.4.3 Trittschallschutz bei begehbaren Dächern

Für Decken unter Terrassen, Loggien und Laubengängen fordert DIN 4109 Teil 2 zum Schutz gegen Schallübertragung aus einem *fremden* Wohn- und Arbeitsbereich ein Trittschallschutzmaß von TSM $\geq$ 10 dB, bei erhöhtem Schallschutz von TSM $\geq$ 17 dB. Diese Forderung kann auch auf begehbare Dachdecken übertragen werden.

Eine 18 cm dicke Stahlbetondecke hat ein zugeordnetes äquivalentes Trittschallschutzmaß von -8 dB, eine 20 cm dicke Decke von -6 dB. Es ist also erforderlich, diese Werte zu verbessern. Dies geschieht auch durch den Gehbelag, insbesondere durch weiche, möglichst federnde Stelzlager. Das Trittschallverbesserungsmaß VM für die 18 cm dicke Dachdecke muß also mindestens VM = 18 dB betragen (von -8 auf 10 dB) oder beim erhöhten Schallschutz möglichst VM = 25 dB (von -8 auf 17 dB). Der Nachweis ist mit Bauteilen zu erbringen, die über der Stahlbetondecke angeordnet werden.

6.5 Brandschutz

Durch die Bauordnungen der Länder wird verlangt, daß Geschoßdecken feuerbeständig sein sollen. Es wird also die Feuerwiderstandsklasse F 90 gefordert. Diese Anforderungen an Decken könnte man auf massive Flachdächer übertragen, obwohl das nicht zutreffend ist. Die gleitend gelagerten Dachdecken haben keine aussteifende Funktion. Sie sind im Brandfall für den Bestand des Gebäudes nicht wichtig.

Für Dächer wird im allgemeinen nur eine feuerhemmende Bauweise gefordert, was der Feuerwiderstandsklasse F 30 entspricht. Lediglich bei Hochhäusern wird verlangt, daß das Tragwerk aus nichtbrennbaren Baustoffen der Klasse A hergestellt werden soll.

6.5.1 Stahlbetondecke

Alle o. g. Anforderungen werden von Stahlbetondecken mit 10 cm Dicke erfüllt. Nach DIN 4102 „Brandverhalten von Baustoffen und Bauteilen" entsprechen 15 cm dicke Stahlbetondecken bereits der Feuerwiderstandsdauer F 180. Stahlbetonflachdächer sind aber mindestens 18 cm dick.

Zu beachten sind jedoch die erforderlichen Achsabstände der Bewehrung. In DIN 4102 Teil 4 werden für Stahlbetondecken die in Tafel 21 aufgeführten Achsabstände u gefordert.

Tafel 21: Mindestachsabstände u der Bewehrung in mm zur beflammten Oberfläche nach DIN 4102

Konstruktionsmerkmale	F 30	F 90	F 180
Einachsig gespannte, frei aufliegende Platten Feldbewehrung aus BSt I BSt III und BSt IV	10 10	28 35	53 60
Zweiachsig gespannte, frei aufliegende, vierseitig gelagerte Platten mit einem Seitenverhältnis $l_y/l_x \leq 1{,}5$ Feldbewehrung aus BSt I BSt III und BSt IV	10 10	10 15	23 30
Stützbewehrung bei Durchlaufplatten	10	15	50

Für den Normalfall werden durch diese Anforderungen zum Brandschutz keine zusätzlichen Maßnahmen nötig.

Die feuerhemmende Bauweise F 30 wird stets erfüllt.

Die Feuerbeständigkeit F 90 ist ebenfalls gegeben. Lediglich bei einachsig gespannten Platten kann eine etwas größere Betondeckung der Bewehrung nötig werden, damit der geforderte Mindestachsabstand eingehalten wird. Die geringere statische Höhe ist bei der Bemessung der Stahlbetondecke zu berücksichtigen.

6.5.2 Deckenbekleidung

Die unterseitig anbetonierten Wärmedämmplatten gelten als Bekleidungen im Sinne der DIN 4102 oder als Verkleidungen nach den Bauordnungen der Länder.

Bei Gebäuden mit mehr als einem Vollgeschoß sind Deckenbekleidungen unzulässig, von denen Teile beim Brand brennend abtropfen oder brennend abfallen können.

Bei Gebäuden mit mehr als zwei Vollgeschossen müssen Deckenbekleidungen in Treppenräumen notwendiger Treppen, in notwendigen Fluren und in Ein- und Ausgängen aus nichtbrennbaren Baustoffen A bestehen. Das gilt auch für alle sonstigen Räume in Hochhäusern (>22 m über Gelände).

Bei Gebäuden, die keine Hochhäuser sind und mehr als zwei Vollgeschosse haben, müssen Deckenbekleidungen aus mindestens schwerentflammbaren Baustoffen B 1 nach DIN 4102 bestehen.

6.5.3 Wärmedämmschicht

Die üblicherweise für die Wärmedämmung verwendeten Polystyrol-Hartschaumplatten PS 20-SE sind nach DIN 4102 schwerentflammbar. Sie entsprechen der Baustoffklasse B 1. Da die Dämmschicht bei den Deckenauflagern durchläuft, müssen Brandwände, Wohnungstrennwände und Treppenhauswände gegen Feuer- und Rauchdurchschlag im Bereich der Deckenauflager gesichert werden. Dazu wird die Dämmschicht in Wandmitte durch 14 cm breite Schaumglasstreifen ersetzt, bei Wohnungstrennwänden durch Mineralwolldämmung (s. Abschnitt 5.1.4 und Bild 12).

6.5.4 Brandschutztechnisches Verhalten

Das brandschutztechnische Verhalten der Betonflachdächer mit unterseitiger Dämmschicht ist insgesamt günstig. Die Konstruktion selbst besteht aus nichtbrennbaren Baustoffen und ist feuerbeständig. Sie wirkt damit der Entstehung und Ausbreitung von Feuer entgegen. Dies ist vorbeugender Brandschutz. Die Konstruktion ermöglicht aber auch im Brandfall die Durchführung der Löscharbeiten und die Rettung von Menschen und Tieren. Es wird das Eigentum anderer geschützt. Durch die Ausdehnung brandbeanspruchter Dachdecken werden andere Bauteile nicht beeinträchtigt. Es wird die Standsicherheit des Gebäudes nicht beeinflußt. Auf Gleitlager liegende Flachdächer aus Beton verhalten sich auch im Brandfall gutmütig.

7. Zusammenfassung für innengedämmte Dächer

Flachdächer aus Beton stellen eine besondere Konstruktionsart dar. Es ist ungewöhnlich, im Bereich des allgemeinen Hochbaus ein Bauteil so zu lagern, daß es sich frei bewegen kann. Flachdächer aus Beton mit Innendämmung werden stets auf Gleitlagern gelagert.

Da aber die Lagerung des Daches so gestaltet wird, daß keine Zwänge entstehen, kann das Dach durch Temperatureinflüsse (Sonne, Frost) direkt beansprucht werden. Es entstehen auch durch extreme Witterungsverhältnisse keine Schäden am Dach oder an den Konstruktionsteilen darunter (Bild 51).

Ungewöhnlich ist weiterhin, daß das Betondach sowohl die tragende als auch die dichtende Funktion übernimmt. Eine Abdichtungshaut ist überflüssig. Das Dach wird aus wasserundurchlässigem Beton hergestellt, es ist wasserdicht. Undichtigkeiten sind so gut wie ausgeschlossen. Sollten dennoch undichte Stellen entstehen, weiß man exakt wo sie sind; sie können auf einfache Weise dauerhaft gedichtet werden.

Auf unnötige Skepsis stößt außerdem die unterseitige Dämmung. Selbstverständlich kann bei einem Betondach die Wärmedämmschicht an der Oberseite angeordnet werden. Doch auch die unterseitige Dämmschicht bietet ausreichende Sicherheit und hohe Wirtschaftlichkeit. Die Dämmschicht liegt auf der „trockenen" Seite des Daches. Sie ist und

Bild 51: Terrassenwohnhäuser mit Flachdächern aus Beton und Bepflanzungen [34]

bleibt geschützt, denn die wasserdichtende Schicht ist die Betondecke selbst. Daß die bauphysikalischen Eigenschaften günstig sind wurde rechnerisch nachgewiesen, aber vor allem auch durch einwandfreies Funktionieren in der Praxis seit 1961.

Das Flachdach aus Beton mit unterseitiger Wärmedämmschicht ist einfach. Es besteht im wesentlichen aus drei Schichten:

☐ Oberflächenschutz durch 6 cm Kiesschüttung,

☐ Dachdecke aus mindestens 18 cm Stahlbeton,

☐ Wärmedämmschicht aus mindestens 8 cm Polystyrol-Hartschaum.

Zur vollen Funktionsfähigkeit gehört die Lagerung der Dachdecke auf Gleitlagern, die auf einem Ringanker liegen.

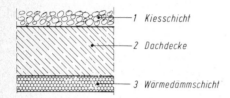

Bild 51a: Beispiel für ein Betonflachdach mit unterseitiger Dämmschicht (einschalig, 3 Schichten)

7.1 Stichworte für die Planung

☐ *Ringanker* aus Stahlbeton auf allen tragenden Wänden;

☐ *Gleitlager* als Punktlager in etwa 1 m großen Abständen mit kaschierter Schaumstoffbahn;

☐ *Festhaltebereich* möglichst in der Mitte der Dachfläche;

☐ *Wärmedämmschicht* mindestens 8 cm dick aus Polystyrol-Hartschaumplatten PS-WD-030-B1 schwerentflammbar mit Haken- oder Stufenfalz;

☐ *Betondachdecke* aus wasserundurchlässigem Beton B25 mindestens 18 cm dick mit Bewehrung;

☐ *Mindestbewehrung* zweiachsig oben durchgehend $A_s \geqq 0,0015\, A_b$;

☐ *Randaufkantung* aus Beton mindestens 10 cm über Deckenoberkante;

☐ *Dachrandabschluß* durch Gesims, Brüstung oder Auskragung mit Überdeckung der Fuge zwischen Ringanker und Dachdecke;

☐ *Fugen* zur Unterteilung großer Dachflächen über 400 m² mit Aufkantung und Fugendichtung;

☐ *Kiesschicht* mindestens 6 cm dick aus hellem Kies 16/32 mm als thermische Pufferschicht;

☐ *Betonplattenbelag* auf Stelzlagern oder Betonsteinpflaster mit Dränschicht und Sandbett für begehbare oder befahrbare Dächer;

☐ *Vegetationsschicht* mit Drän- und Filterschicht für bepflanzte Dächer.

7.2 Stichworte für die Ausführung

- *Eignungsprüfungen* für die Betonzusammensetzung;
- *Ringanker* aus Stahlbeton als Deckenauflager 1 cm unter Deckenunterkante;
- *Dämmplatten* für die Außenseite des Ringankers;
- *Bewehrung* für Ringanker mit Übergreifungslänge an den Stößen und Schlaufen an den Ecken;
- *Oberfläche* des Ringankers horizontal und eben;
- *Rundstahlanker* für Festhaltebereich;
- *Deckenschalung* 1 cm über Oberkante Ringanker;
- *Wärmedämmplatten* ohne Fugenspalt mit profilierter Seite nach oben, auch über den Wänden;
- *Wohnungstrennwände* mit Mineralwollstreifen, Brandwände und Treppenraumwände mit 14 cm breiten Schaumglasstreifen;
- *Gleitlager* und Schaumstoffbahn mit oberseitiger Folie;
- *Bewehrung* auf Abstandhaltern mit großer Aufstandsfläche;
- *Zulagebewehrungen* an Öffnungen für Dachausstiege, Lichtkuppeln, Schornsteine, an einspringenden Ecken, an Schlitzfugen;
- *Einbauteile* – wie Dachentwässerungen, Kanalentlüftungen, Antennen, Installationsteile, Lichtkuppeln – werden mit einbetoniert;
- *Aussparungen* zum späteren Einsetzen der Einbauteile sind unzulässig;
- *Stemmarbeiten* durch vorheriges Überlegen unbedingt vermeiden;
- *Dübel* zum Befestigen verschiedener Teile können eingebohrt werden, möglichst jedoch in den Aufkantungen;
- *Beton* B 25 als wasserundurchlässigen Beton mit hohem Frostwiderstand nach DIN 1045 bestellen, einschließlich Fließmittel und Verzögerer;
- *Betonverarbeitung* zügig ohne Unterbrechung;
- *Randbereich* für Aufkantung vorweg betonieren;
- *Aufkantung* am selben Tag mitbetonieren;
- *Abkühlen* und Austrocknen durch Abdecken verhindern;
- *Nachverdichtung* am nächsten Tag durch Rüttelplatte oder Flügelglätter beim Fertigstellen der Betonoberfläche;
- *Schutz des jungen Betons* durch Aufbringen von Wasser;
- *Güteprüfung* zur Qualitätssicherung: Konsistenz, Druckfestigkeit, Wasserundurchlässigkeit;
- *Dichtigkeitsprüfung* durch Wasserfüllung und Kontrolle nach zwei Tagen;
- *Kiesschüttung* möglichst bald nach Dichtigkeitsprüfung.

Teil II: Flachdächer aus Beton mit oberseitiger Wärmedämmung

8. Konstruktion außengedämmter Dächer

Flachdächer aus Beton mit oberseitiger Wärmedämmung werden ohne zusätzliche Dichtungshaut ausgeführt. Die Wärmedämmschicht liegt oberhalb der Stahlbetondecke. Sie wird lediglich durch eine Kiesschicht abgedeckt und geschützt. Man bezeichnet diese Konstruktionsart als „Umkehrdach" (Bild 52).

Für das Wärmedämmsystem „Umkehrdach" wurde vom Institut für Bautechnik in Berlin 1978 ein Zulassungsbescheid erteilt. Damit ist diese Bauweise allgemein bauaufsichtlich und baurechtlich zugelassen.

Dächer dieser Art bestehen aus drei Schichten, von oben nach unten in folgender Reihenfolge:

☐ Oberflächenschutz aus Kies,

☐ Wärmedämmschicht,

☐ Stahlbetondecke.

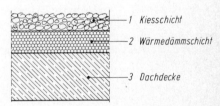

Bild 52: Beispiel für ein Betonflachdach mit oberseitiger Dämmschicht

Neue Verlege- und Befestigungstechniken für die Wärmedämmplatten erhöhen die Wirtschaftlichkeit. Die Gesamtkosten für diese Dächer werden kaum höher liegen als bei Dächern mit unterseitiger Wärmedämmung.

8.1 Ringanker

Ringanker sollen auf allen tragenden Wänden aus Mauerwerk oder unbewehrtem Beton angeordnet werden. Die Dämmschicht liegt stets außen. Die Konstruktion wurde in Abschnitt 4.1 beschrieben. Bei einer Neuentwicklung wird als Ringanker ein Flachstahl-Rahmen aus ☐ 150 · 5 mm verwendet, der in Zementmörtel direkt auf dem Mauerwerk verlegt, verschweißt und anschließend insgesamt 30 mm dick vermörtelt wird.

8.2 Deckenauflager

Entscheidend für die Lagerung der Dachdecke auf dem Mauerwerk ist ihr Verformungsverhalten im Vergleich zur darunterliegenden Decke [37, 38].

a) Bei *mehrgeschossigen,* zentral beheizten Gebäuden liegt die Temperaturdifferenz zwischen der Dachdecke und der darunter liegenden Geschoßdecke nur bei etwa ± 4 Kelvin. Das entspricht einer Dehnungsdifferenz von etwa ± 0,04 mm/m. Ebenso ist die Schwinddifferenz zwischen Dachdecke und darunter liegenden Decke gering; etwa in gleicher Größe. Daraus folgert, daß bis zu 20 m langen Dachdecken mit einer maßgebenden Verschiebungslänge von 10 m der zulässigen Verschiebewinkel von 1/2500 bei normalen Geschoßhöhen eingehalten wird [12, 33]. Eine bewegliche Auflagerung ist demnach nicht nötig.

b) Bei *eingeschossigen,* voll unterkellerten Gebäuden mit Heizraum im Keller gilt das gleiche.

c) Bei *anderen* Gebäuden muß die Auflagerung der Dachdecke auf dem Mauerwerk stets durch eine Untersuchung geklärt werden [37, 38]. Hierzu gehören Gebäude mit mehr als 20 m Länge bzw. mit mehr als 10 m maßgebender Verschiebungslänge. Auch Gebäude mit unterer Wärmedämmung der Dachdecke durch abgehängte Decken oder Gebäude mit innerer Wärmedämmung des Mauerwerks sowie eingeschossige Gebäude ohne Unterkellerung können kritisch sein.

Es werden folgende Maßnahmen empfohlen, die sehr auf der sicheren Seite liegen.

Folienlager

Bei Dachdecken für Gebäude der Gruppen a) und b) sind Punktlager als Gleitlager nicht erforderlich. Hier genügt auf der ebenen Oberfläche des Ringankers eine vollflächige Trennschicht aus 2lagiger PE-Folie (Bild 52a). Damit auch bei großen Spannweiten und Durchbiegungen die Verdrehungen am Auflager rißfrei aufgenommen werden können, ist es zweckmäßig, zusätzlich eine 2seitige Kaschierung durch Bitumenpappe vorzusehen. Es werden Folienlager angeboten, die unter einem Trägerelement ein Schaumstoffpolster zum Ausgleich von Unebenheiten und darüber eine Gleitschicht mit beidseitigen Schaumstoffstreifen in kompletter Ausführung für die jeweilige Wandbreite enthalten.

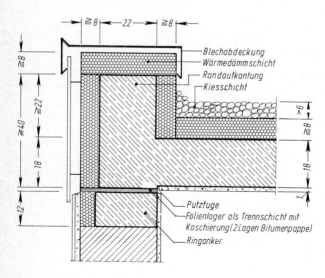

Bild 52a: Dachrandausbildung bei Flachdächern mit oberseitiger Dämmung [48]

Gleitlager

Bei Dachdecken der Gebäudegruppe c) ist die Ausführung mit Gleitlagern zu empfehlen, wie sie in Abschnitt 4.2 beschrieben wurde.

8.3 Betondachdecke

Die Stahlbetondecke soll mindestens 18 cm dick sein und wird am günstigsten als zweiachsig gespannte Platte bemessen. Es ist wasserundurchlässiger Beton B25 nach DIN 1045 zu verwenden. Die Stahlbetondecke ist gleichzeitig tragende Konstruktion und Dachdichtung.

Da die Wärmedämmung über der Betonplatte angeordnet wird und darüber keine Dichtungsbahn liegt, kann Niederschlagswasser entweder direkt auf der Dämmschicht abfließen oder diese unterströmen und zwischen Dämmschicht und Betonplatte ablaufen. Dadurch kann die Betondachdecke oberseitig abgekühlt werden.

Diese Eigenart des Umkehrdaches führt dazu, daß zweidimensionale Wärme- und Feuchtigkeitstransporte stattfinden: in vertikaler und in horizontaler Richtung.

Vom Institut für Bauphysik in Stuttgart wurden diese Vorgänge untersucht. Dabei hat sich ergeben, daß die oberseitige Abkühlung der Dachdecke durch unterströmendes Wasser bei ausreichender Wärmespeicherfähigkeit und Temperaturträgheit unbedeutend ist. Tauwasser bildet sich an der Deckenunterseite nicht, wenn die flächenbezogene Masse der Dachdecke mindestens 250 kg/m² beträgt (Bild 53).

Eine Tauwassergefährdung ergibt sich auch nicht durch Schmelzwasser. Das auf der Betonoberfläche abfließende Schnee- und Eiswasser hat zwar eine Temperatur von nur 0 °C, die anfallenden Mengen sind jedoch vergleichsweise gering. Dadurch entsteht auch zu dieser Zeit kein Tauwasser an der Deckenunterseite.

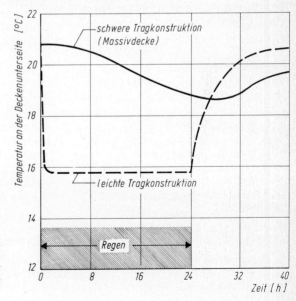

Bild 53: Zeitlicher Temperaturverlauf an der Deckenunterseite bei Umkehrdächern bei Unterströmung der Dämmschicht während üblicher Beregnung [19]

Die Ausführung der Dächer mit oberseitiger Dämmung ist also bei schweren Massivkonstruktionen ohne weiteres möglich. Die flächenbezogene Masse (mindestens 250 kg/m²) liegt bei 18 cm dicken Betonplatten mit 450 kg/m² weit über der Mindestforderung. Die in Abschnitt 4.5 für Dachdecken mit Innendämmung gemachten Angaben zur konstruktiven Ausbildung gelten im Prinzip auch hier.

Die Forderungen zur Begrenzung der Teilflächen und größten Längen sind jedoch dann nicht so scharf auszulegen, wenn Gleitlager verwendet werden: größte Teilflächen bis 900 m², größte Längen bis 30 m und Entfernungen vom Festhaltebereich bis zu 22 m sind möglich. Auch werden normale Unterzüge in der Decke (Änderungen der Massenverhältnisse) nicht zu Schwierigkeiten führen. Alle anderen Forderungen sollten jedoch erfüllt werden (s. Abschnitt 4.5).

Fertigplatten mit Ortbetonschicht sind ausführbar. Die Abschnitte 19.7.3 und 19.7.6 der DIN 1045 sind besonders zu beachten.

Die Dicke der Ortbetonschicht sollte mindestens 15 cm betragen und mindestens ³/₄ der Gesamtdicke ausmachen.

Die Verbundbewehrung über den Stößen der Fertigplatten muß ausreichend dick sein, in engen Abständen liegen und lang genug verankert werden. Zu empfehlen sind $\varnothing$ 8 III mit s = 15 cm und l = 1 m.

Bewehrung als durchgehende obere zweiachsige Bewehrung ist statisch erforderlich und konstruktiv nötig: $A_s \geqq 0{,}0015\, A_b$.

8.4 Randaufkantung

Die Randaufkantung soll auch bei dieser Konstruktionsart sicherstellen, daß stauendes Niederschlagswasser nicht über den Dachrand läuft. Zur Verbesserung der Steifigkeit der Dachdecke und aus konstruktiven Gründen ist die Stahlbeton-Aufkantung mindestens 22 cm breit und 22 cm über Deckenrand hoch (Bild 52).

Bewehrung der Aufkantung und des Dachrandes: mindestens 8 $\varnothing$ 12 III als Längsbewehrung und 5 $\varnothing$ III/m als Steckbügel.

8.5 Wärmedämmschicht

Für die Wärmedämmschicht oberhalb der Dachdecke wird Polystyrol-Extruderschaum mindestens 80 mm, besser 100 mm dick verwendet.

Extrudierte Polystyrol-Hartschaumplatten müssen dem Zulassungsbescheid vom Institut für Bautechnik (Zulassungs-Nr. Z 23.2-22 b) vom 8. 12. 1978 entsprechen. Die Platten haben einen umlaufenden Stufenfalz. Sie werden stets einlagig verlegt. Die Rohdichte beträgt $\geqq$ 30 kg/m³, der Rechenwert der Wärmeleitfähigkeit beträgt $\lambda_R = 0{,}035$ W/(m · K), die Wasserdampf-Diffusionswiderstandszahl $\mu = 80/300$ nach DIN 4108. Die Wärmedämmplatten müssen mindestens der Baustoffklasse B2 nach DIN 4102 (normalentflammbar) entsprechen; Bezeichnung: Polystyrol-Extruderschaumplatten DIN 18164 PS-WD-035-B 2.

Mit der Kiesschicht gilt der Dachaufbau als widerstandsfähig gegenüber Flugfeuer und strahlender Wärme entsprechend DIN 4102 (harte Bedachung).

Die Dämmplatten werden im Normalfall mit dichten Stößen lose auf der Betondecke verlegt. Besonders gefährdet sind Eck- und Randbereiche von Dächern. Hier ist eine besondere Sicherung durch Befestigen der Auflast erforderlich (s. Abschnitt 8.10).

Das Befestigen der Dämmplatten kann durch Kleben oder Nageln erfolgen. Ein Kleben der Platten mit zementgebundener acrylharzvergüteter Klebeschlämme geschieht direkt nach Fertigstellung der Dachoberfläche. Zum Nageln in vorgebohrte Löcher gehören spezielle Kunststoffnägel mit großer Kappe. Das Nageln kann auch mit 10 mm dicken Zwischenscheiben erfolgen, so daß durch die Dämmplatten sickerndes Wasser im Zwischenraum ungehindert abfließen kann.

Alle über den Deckenauflagern außenliegenden Flächen müssen eine Wärmedämmschicht erhalten. Dies sind z. B. außer der Dachdeckenfläche alle Oberseiten und Stirnseiten von:

☐ Aufkantungen

☐ Überzügen,

☐ Brüstungen,

☐ Attiken,

☐ Sockeln,

☐ Kragplatten, auch an den Unterseiten.

Zu bedenken ist, daß bei mehr als 50 cm aus der Dachdecke herausragenden Bauteilen trotz allseitiger Dämmung ein Abkühlen stattfinden wird. Die Wärmeabstrahlung ist trotz Dämmschicht größer als der Wärmenachschub von innen. Hier entstehen „Wärmebrücken". Außerdem sind dadurch diese Bauteile starken Temperaturdifferenzen ausgesetzt. Enge Fugenabstände mit a < 4 m sind erforderlich. Bei Kragplatten und Brüstungen entstehen dadurch Schlitzfugen. Sie sind durch Bewehrungen zu sichern, z. B. oben und unten je 2⌀12 III (s. Abschnitt 4.8).

8.6 Dachrandabschluß

Für den Dachrandabschluß und zum Schutz der Dämmschicht in diesem Bereich eignen sich entweder Stahlbetonfertigteile (Bild 54 und 55), Asbestzementblenden (Bild 56) oder auch Leichtmetallprofile (Bild 57). Stahlbetonfertigteile oder auch Brüstungselemente (Bild 58) können vorher aufgestellt und beim Betonieren der Decke mit eingebaut

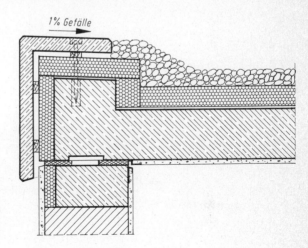

Bild 54: Dachrandabschluß durch Stahlbetonfertigteile, die nach dem Verlegen der Wärmedämmplatten montiert und auf der Randaufkantung befestigt werden [34]

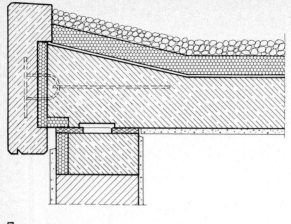

Bild 55: Dachrandabschluß durch Stahlbetonfertigteile mit Dämmschicht und Ankern, die beim Betonieren der Dachdecke einbetoniert werden [34]

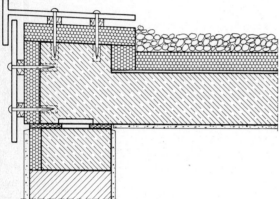

Bild 56: Dachrandabschluß mit Asbestzementblenden und -abdeckprofilen [34]

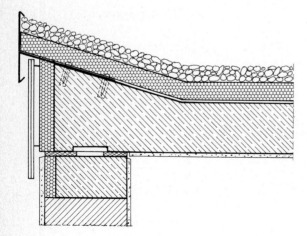

Bild 57: Dachrandabschluß mit Leichtmetallprofil und Blende

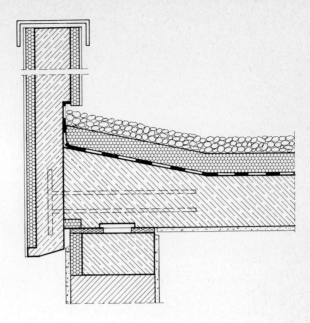

Bild 58: Dachrandabschluß durch Brüstung aus Stahlbetonfertigteilen mit Ankern zum Einbetonieren in die Stahlbetondecke [34]

werden. Schwierige Sichtbetonausführungen werden ins Fertigteilwerk verlagert und sind nicht auf der Baustelle unter den meist ungünstigen Verhältnissen auszuführen.

Die Länge der Fertigteile soll 4 m nicht überschreiten, die Fugen müssen je nach Länge der Fertigteile 10 bis 20 mm breit sein. Die Aufkantung ist wegen der Kerbspannungen aus den Fertigteilbrüstungen zusätzlich durch Längsbewehrung zu verstärken mit 2 $\varnothing$ 12 III.

8.7 Fugen

Die Fläche eines Daches mit oberseitiger Dämmung soll nicht zu groß werden, so daß evtl. Dehnfugen anzuordnen sind.

Die zulässigen Fugenabstände bzw. Feldgrößen sollten abhängig von der Art der Lagerung die Werte der Tafel 22 nicht überschreiten.

Tafel 22: Größte zulässige Abmessungen für Betonflachdächer mit oberseitiger Dämmung

Größte zulässige Abmessung	Folienlager (s. Abschnitt 8.2)	Gleitlager (s. Abschnitt 4.2)
Fugenabstand	$\leq$ 20 m	$\leq$ 30 m
Entfernung zwischen Festhaltebereich und Dachdeckenecke	$\leq$ 15 m	$\leq$ 22 m
Teilfläche	$\leq$ 400 m²	$\leq$ 900 m²

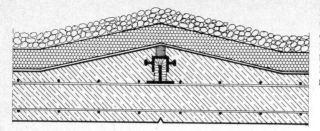

Bild 59: Fuge mit Fugenprofilen und Aufkantungen innerhalb der Deckenfläche. Im unteren Bereich als Scheinfuge so ausgebildet, daß der evtl. entstehende Riß an der Deckenunterseite klar geführt wird [34]

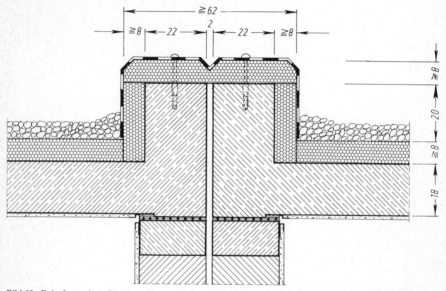

Bild 60: Dehnfuge mit Aufkantung über tragenden Innenwänden und Überklebung durch PVC-Folie [48]

In der Dachfläche liegende Fugen sind stets mit Aufkantungen zu sichern. Diese Aufkantungen sollen mindestens 5 cm höher liegen als die Randaufkantung. Dadurch werden die Fugen aus der Entwässerungsebene herausgehoben (Bild 59 und 60).

Die Dichtung der Fuge kann ein Fugenband übernehmen, das im oberen Bereich 4 cm unter der Oberkante eingebaut wird. Es umfaßt die Fugeneinlage aus Mineralwoll-Dämmatten U-förmig. Ein Schaumstoffstreifen über dem Rücken des Fugenbandes bildet die Unterlage für die Fugendichtungsmasse, mit der die Fuge von oben verfüllt wird (Bild 59). Eine andere Möglichkeit ist das Überkleben von Fuge und Aufkantungen durch eine UV-beständige PVC-Folie (Bild 60).

Fugen in Fertigteilen der Dachabschlüsse oder Attikabrüstungen sollen offen bleiben.

8.8 Anschlüsse

Wandanschlüsse oder Anschlüsse der Dachdecke an aufgehende Bauteile sind einfacher, wenn sie als Festpunkt ausgeführt werden können (s. Abschnitt 4.3). Der Anschluß muß

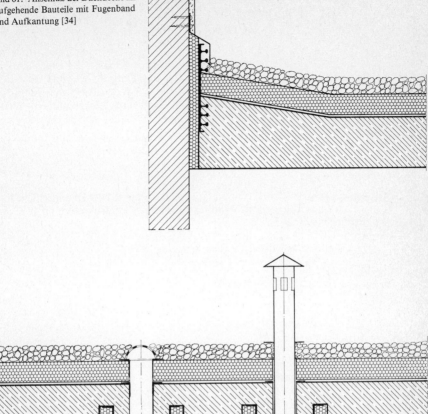

Bild 61: Anschluß der Dachdecke an aufgehende Bauteile mit Fugenband und Aufkantung [34]

Bild 62: Dachgullys, Entlüftungsrohre und andere Rohrdurchführungen müssen im unteren Bereich durch spezielle Wärmedämmungen zum Vermeiden von Wärmebrücken gesichert werden [34]

durch eine Aufkantung über die wasserführende Ebene herausgehoben werden. Die Aufkantung soll mindestens 5 cm höher als der Dachrand sein. Ein Fugenprofil sichert den Anschluß auch bei Bewegungen wirkungsvoll (Bild 61).

8.9 Öffnungen, Rohrdurchführungen, Abläufe usw.

Hierfür gilt das gleiche, was bei Dächern mit unterseitiger Dämmung in den Abschnitten 4.10 und 4.11 gesagt wurde. Zusätzlich ist zu beachten, daß wegen der Unterbrechung der oberseitigen Dämmschicht keine Wärmebrücken entstehen dürfen. Rohrdurchführungen und Abläufe sind im unteren Bereich der Decke durch kranzförmige Dämmungen zu sichern (Bild 62).

8.10 Kiesschicht

Die Kiesschicht liegt in mindestens 6 cm Dicke aus der Korngruppe 16/32 mm direkt auf der Wärmedämmschicht. Wegen der besseren Reflexion soll möglichst heller Kies verwendet werden.

Die Kiesschicht wirkt als Pufferschicht gegen starke Temperaturschwankungen. Sie hat außerdem die Aufgabe, die Dämmplatten gegen UV-Strahlung zu schützen. Dadurch sind die Dämmplatten vor zu schneller Alterung geschützt. Vor dem Aufbringen der Kiesschicht kann ein diffusionsdurchlässiges Kunststoff-Faservlies auf der Dämmschicht verlegt werden. Es dient der Dämmschicht als Schutz gegen mechanische Beanspruchung.

In Randbereichen von Gebäuden mit einer Traufhöhe über 8 m sind zum Schutz der Dämmplatten statt Kiesschicht stets Betonplatten erforderlich (s. Tafel 23).

8.11 Betonplattenbelag

Der Zulassungsbescheid für Umkehrdächer [26] verlangt, daß auf der Dämmschicht eine bestimmte Auflast zum Schutz gegen Windsog aufgebracht werden muß, und zwar abhängig von der Gebäudehöhe.

Tafel 23: Auflast auf den Dämmplatten bei Umkehrdächern [26]

Höhe der Dachtraufe über Gelände	Auflast für Randbereiche $1/8$ der Dachbreite, mindestens jedoch 1 m	Auflast für Restflächen
0 bis 8 m	$\geq 1{,}0$ kN/m² (100 kg/m²) z. B. Kiesschicht	$\geq 0{,}5$ kN/m² (50 kg/m²)
> 8 bis 20 m	$\geq 1{,}6$ kN/m² (160 kg/m²) Betonplattenbelag, z. B. Gehwegplatten (350 mm × 350 mm × 60 mm), nach DIN 485 in Kiesbettung oder auf Abstandhalter	$\geq 0{,}6$ kN/m² (60 kg/m²)
>20 bis 100 mm	$\geq 2{,}0$ kN/m² (200 kg/m²) Betonplattenbelag in Kiesbettung oder auf Abstandhalter, (z. B. 500 mm × 500 mm × 80 mm)	$\geq 0{,}8$ kN/m² (80 kg/m²)

9. Ausführung außengedämmter Dächer

Flachdächer aus Beton werden so hergestellt, daß der Beton außer der tragenden Funktion zusätzlich die Aufgabe der Abdichtung übernimmt. Wie bei innengedämmten Dächern gehören auch bei Dächern mit oberseitiger Dämmung nur drei Schichten zur vollständigen Funktionsfähigkeit, hier jedoch von oben nach unten in nachstehender Reihenfolge (Bild 63):

☐ Kiesschicht als Oberflächenschutz und Temperaturpuffer,
☐ Extrudierte Polystyrol-Hartschaumplatten als Wärmedämmschicht,
☐ Stahlbetondecke als tragende Konstruktion und abdichtende Schicht.

Die Reihenfolge der Schichten ist hier eine andere als bei innengedämmten Dächern: die Wärmedämmschicht liegt nicht unter, sondern über der Stahlbetonplatte. Im übrigen gilt aber sinngemäß zur Ausführung das, was in Abschnitt 5 zu innengedämmten Dächern ausgeführt wurde.

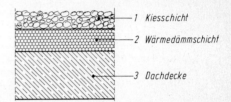

Bild 63: Betonflachdach mit oberseitiger Dämmschicht

9.1 Arbeiten vor dem Betonieren

Für Betonflachdächer wird wasserundurchlässiger Beton nach DIN 1045 mindestens der Festigkeitsklasse B25 verwendet. Die Herstellung und Verarbeitung kann unter den Bedingungen für Beton B I oder Beton B II erfolgen.

Eignungsprüfungen sind vor Anwendung des Betons erforderlich (siehe Abschnitt 5.1).

9.1.1 Deckenauflager und Gleitlager

Alle Wände (außer bewehrte Stahlbetonwände) sollen Ringanker aus Stahlbeton mit Folienlagern bzw. Gleitlagern erhalten. Die Ringanker sind stets außen zu dämmen. Es gilt weiterhin das Gleiche, wie es in Abschnitt 5.1.1 für innengedämmte Dächer beschrieben wurde. Auf einen neuen Ringanker aus Flachstahl wurde in Abschnitt 8.1 hingewiesen.

9.1.2 Deckenschalung oder Deckenelemente

Deckenschalungen für die Dachdecke müssen so gut sein, wie es von der späteren Deckenunterseite erwartet wird. Eine glatte und dichte Schalung ist erforderlich, wenn die Untersicht unverkleidet und ungeputzt bleiben soll und nur gespachtelt wird. Die Höhenlage der Schalung muß genau passen: Die Oberkante Schalung liegt 1 cm über Oberkante Ringanker.

Die Schalungsträger dürfen nicht auf dem Ringanker aufliegen. Es sind besondere Rähme auf Stützen zu stellen. Die Abstützung der Schalung muß so sicher sein, daß keine Verschiebungen während des Betonierens stattfinden können. Um Durchbiegungen durch Schwinden und Kriechen klein zu halten, sind Hilfsstützen zu stellen und möglichst lange nach dem Ausschalen stehen zu lassen.

Fertigplatten mit Ortbetonschicht sind besonders sorgfältig nach Zeichnung auszuführen.

Die Verbundbewehrung über den Stößen der Fertigplatten muß ausreichend dick sein und in engen Abständen verlegt werden.

Einbauteile müssen in die Schalung bzw. in die Fertigplatten vor dem Aufbringen des Ortbetons eingesetzt werden. Es ist erforderlich, daß diese Teile (Dachentwässerung, Kanalentlüftung, Installationen usw.) einbetoniert und nicht später eingestemmt werden (siehe Abschnitt 5.1.7).

9.1.3 Bewehrung

Die Dachdecke sollte außer der statisch erforderlichen Bewehrung eine durchgehende obere Bewehrung erhalten. Hierzu sind z. B. Betonstahlmatten Q 377 geeignet. Die gesamte Bewehrung muß vor dem Betonieren fertig verlegt und möglichst unverschieblich gesichert sein (Abschnitt 5.1.5).

9.1.4 Aufkantung

Die Aufkantungen am Rand des Daches, an Dehnfugen und bei Öffnungen sollen direkt nach der Dachdecke betoniert werden. Wenn besondere Dämmprofile für die Innenseite der Aufkantung verwendet werden, ist außen lediglich die Randschalung der Dachdecke in der erforderlichen Höhe hochzuziehen (Bild 52). Die Maße der Zeichnungen sind einzuhalten.

Die Bewehrung der Randaufkantung muß vor Betonierbeginn fertig verlegt sein.

9.1.5 Abziehlehren

Damit die Deckenoberfläche eben und im vorgesehenen Gefälle genau genug hergestellt werden kann, sind Abziehlehren zu verwenden. Man benutzt hierzu am besten Rechteckrohre, die in U-förmigen Halterungen in Spindelböcken höhengerecht verlegt werden (siehe Abschnitt 5.1.8 und Bild 38).

Die Deckenoberseite muß zur Auflage der Dämmplatten den Anforderungen der DIN 18 202 „Maßtoleranzen im Hochbau" Teil 5 „Ebenheitstoleranzen für Flächen von Decken und Wänden" vom Oktober 1979 entsprechen (Tafel 24).

Tafel 24: Ebenheitstoleranzen nach DIN 18 202

Bauteil/Funktion	Ebenheitstoleranz in mm bei Abstand der Meßpunkte bis				
	0,1 m	1 m	4 m	10 m	15 m
Flächenfertige Böden	2	4	10	12	15

Zwischenwerte sind geradlinig einzuschalten und auf mm zu runden.

Sprünge und Absätze in der Oberfläche sollen vermieden werden. Hierunter ist aber nicht die durch Flächengestaltung bedingte Struktur zu verstehen.

9.2 Betonieren der Dachdecke

Zwischen Bauunternehmen und Transportbetonwerk muß der Betoniertermin zeitig genug abgesprochen werden. Bei der Festlegung des Termins ist folgendes zu beachten:

☐ Eignungsprüfungen müssen durchgeführt worden sein, die Ergebnisse sollen vorliegen;

☐ alle Vorarbeiten müssen vor Betonierbeginn abgeschlossen sein;

☐ das Betonieren der Decke muß zügig und ohne Unterbrechung durchgeführt werden können;

☐ Arbeitseinteilung auf die zu verarbeitende Gesamtmenge abstellen;

☐ das Fertigstellen eines Abschnittes erfordert mindestens zwei Tage;

☐ geschultes Personal muß ausreichend lange zur Verfügung stehen;

☐ die Bewehrung muß vom Prüfingenieur abgenommen sein.

Die folgenden Abschnitte 9.2.1 bis 9.4.3 entsprechen weitgehend den Abschnitten 5.2.1 bis 5.4.3. Sie wurden der besseren Übersichtlichkeit wegen hier noch einmal abgedruckt.

9.2.1 Betonzusammensetzung

Die in Tafel 2 genannten Angaben zur Betonzusammensetzung sind für die Funktionsfähigkeit einzuhalten.

9.2.2 Bestellen des Betons

Wenigstens 2 Tage vor Lieferung ist der Beton beim Transportbetonwerk abzurufen. Die Angaben zur Betonbestellung sind in Tafel 3 zusammengestellt.

Das Fördern des Betons zur Einbaustelle kann mit Kran oder Pumpe erfolgen. Das Pumpen des Betons kann ggf. vom Transportbetonwerk vorgenommen werden.

Die Zufahrt auf der Baustelle muß für das möglichst nahe Heranfahren der schweren Transportbetonfahrzeuge geeignet sein.

9.2.3 Einmischen der Zusatzmittel

Bei der Anlieferung des ersten Betons ist die Konsistenz zu kontrollieren. Beton mit einem größeren Ausbreitmaß als 38 cm darf nicht angenommen werden.

Die Zugabe des Fließmittels und des Verzögerers erfolgt kurz vor der Übernahme des Betons. Die Menge des zuzugebenden Zusatzmittels (Fließmittel + Verzögerer) hängt von der Eignungsprüfung ab. Die Zugabe soll so erfolgen, daß das Zusatzmittel im Mischfahrzeug möglichst gleichmäßig über den Beton verteilt wird. Danach muß mindestens 5 min bis zum vollständigen Untermischen gemischt werden. Nach Abschluß des Mischvorganges soll ein gleichmäßiges Betongemisch entstanden sein. Weitere Veränderungen des Betons sind nicht mehr zulässig (s. DIN 1045, 9.3.2).

Die Konsistenz des Betons soll nach dem Untermischen des Zusatzmittels im Bereich K 3 liegen (weicher Beton); Ausbreitmaß $a \leq 50$ cm.

9.2.4 Betoniervorgang

Das Betonieren soll zügig erfolgen. Hierbei wird man zunächst einen Deckenstreifen an den Aufkantungen vorziehen.

Die Aufkantung wird dann betoniert, wenn der angrenzende Deckenbeton etwas angesteift ist durch das Nachlassen der verflüssigenden Wirkung des Fließmittels (Bild 40). Jedenfalls sind sämtliche Aufkantungen am ersten Tag mitzubetonieren. Betonierfugen zwischen Dachdecke und Aufkantung dürfen nicht entstehen (Bild 41).

Die Verdichtung des Betons muß stets durch Rütteln erfolgen. Rüttelbohlen sind wegen der großflächigen Verdichtung besser als Rüttelflaschen. Letztere sind aber dann einzusetzen, wenn das Verlegen von Abziehlehren und Verwenden von Rüttelbohlen nicht möglich sein sollte.

Damit keine undichten Betonierfugen entstehen, darf das Betonieren nur so lange unterbrochen werden, wie der zuletzt eingebrachte Beton noch nicht erstarrt ist. Das gilt auch für das Anbetonieren eines Streifens an den vorigen. Es muß eine gute und gleichmäßige Verbindung zwischen beiden Betonen entstehen. Der Innenrüttler muß in den Randbereich, der bereits verdichtet wurde, nochmals eingetaucht werden.

Der Beton muß möglichst vollständig verdichtet werden, besonders sorgfältig bei dicht liegender Bewehrung und an lotrechter oder geneigter Schalung. Gut verdichteter Beton kann noch einzelne sichtbare Luftblasen enthalten (DIN 1045, 10.2.2).

Mit dem Abziehen der Oberfläche ist das Betonieren am ersten Arbeitstag zunächst beendet.

In der Nacht sollte möglichst nicht betoniert werden. Wenn aber das Betonieren bis zum Eintritt der Dunkelheit nicht beendet werden kann, muß eine ausreichende Beleuchtung vorhanden sein. Zu bedenken ist jedoch, daß bei zu langer Arbeitszeit die Belegschaft ermüdet und dann die Sorgfalt nachläßt.

Im Sommer darf die Betontemperatur $+30\,°C$ nicht überschreiten. Die Betontemperatur ist mit Einstechthermometer zu messen. Bei Hitze und Wind muß der eingebrachte Beton sofort mit Folien o. ä. abgedeckt werden.

Im Winter muß die Betontemperatur mindestens $+10\,°C$ betragen, wenn mit Lufttemperaturen unter $-3\,°C$ zu rechnen ist. Es ist angewärmter Beton zu verwenden. Alle Flächen, an die betoniert wird, müssen frei von Schnee, Eis und Rauhreif sein; auch die Bewehrung (DIN 1045, 11). Dafür muß eventuell warmes Wasser oder Dampf verfügbar sein. Abdeckmaterial muß bereitliegen. Der eingebaute Beton ist gegen Abkühlung zu schützen.

9.2.5 Nacharbeiten

Am Tag nach dem Betonieren soll die Betonoberfläche fertiggestellt werden. Der Beton muß also noch ausreichend bearbeitbar sein. Das ist durch die Verzögerung des Erhärtungsvorganges der Fall (s. Abschn. 9.2.3).

Zunächst werden die inneren Seitenflächen der Aufkantung ausgeschalt und es wird ihre Oberfläche abgerieben und nachgearbeitet. Die äußere Randschalung muß bei Normalzement mindestens fünf Tage lang stehen bleiben (s. Tafel 4). Die Fertigstellung der Oberfläche geschieht nach dem Nachverdichten des Betons.

9.2.6 Nachverdichtung

Die Nachverdichtung erfolgt entweder mit einem Oberflächenrüttler oder auch mit einem Flügelglätter (Bild 42). Durch diesen Arbeitsgang werden Hohlstellen geschlossen, die sich durch das Absetzen des Betons gebildet haben können.

Der Flügelglätter bringt genügend Vibration für die erforderliche Nachverdichtung des Betons. Es entsteht eine geglättete Oberfläche, so daß die Bearbeitung damit abgeschlossen ist.

Das Gefälle ist nochmals zu kontrollieren. Ebenso sollte überprüft werden, ob sich eventuell Einbauteile beim Betonieren verschoben haben.

9.2.7 Nachbehandlung

Eine Nachbehandlung des Betons ist besonders wichtig. In DIN 1045, 10.3 steht: „Beton ist bis zum genügenden Erhärten gegen schädigende Einflüsse zu schützen, z. B. gegen starkes Abkühlen oder Erwärmen, Austrocknen durch Sonne oder Wind, starken Regen oder ferner gegen Schwingungen und Erschütterungen." „Um das Schwinden des jungen Betons zu verzögern und seine Erhärtung zu gewährleisten, ist er ausreichend lange feucht zu halten oder gegen Austrocknen zu schützen."

Der beste Schutz des Betons wird erreicht, wenn man sofort nach der Herstellung die ganze Dachdecke unter Wasser setzt (Bild 43). Das ist durch die wannenartige Ausbildung der Dachdecke leicht möglich. Diese Wasserschicht schützt gegen Temperaturdifferenzen und gegen Austrocknen. Sie verhindert das Entstehen von Rissen vollständig.

Ein Nachbehandlungsmittel sollte möglichst bald nach dem Fertigstellen der Betonoberfläche aufgesprüht werden, wenn ein Fluten der Dachdecke nicht möglich ist. Die weiteren Maßnahmen sind von der Witterung abhängig.

Das Abdecken mit feuchtem Vliesgewebe, Planen oder Kunststoff-Folie soll dem Nachbehandlungsfilm möglichst bald folgen. Die Aufkantungen sind stets abzudecken.

Das Betondach ist zu schützen:

☐ 3 Tage gegen Abkühlen,

☐ 7 Tage gegen Austrocknen.

9.2.8 Ausschalen

Das Ausschalen der Dachdecke darf erst dann erfolgen, wenn der Beton ausreichend erhärtet ist und wenn der Bauleiter des Unternehmens das Ausschalen angeordnet hat (DIN 1045, 12.3). Er darf das Ausschalen nur anordnen, wenn er sich von der ausreichenden Festigkeit des Betons überzeugt hat. Bei Dachdecken, die schon nach dem Ausschalen nahezu die volle rechnungsmäßige Last zu tragen haben, ist besondere Vorsicht geboten. Die Ausschalfristen sind gegenüber Tabelle 8 DIN 1045 zu verlängern, um die Bildung von Rissen zu vermeiden und Kriechverformungen zu mindern.

Anhaltswerte für Ausschalfristen sind in Tafel 4 angegeben.

Bei niedrigen Temperaturen erhärtet der Beton langsamer. Er ist deswegen mit wärmedämmenden Abdeckungen zu schützen. Die Ausschalfrist muß entsprechend verlängert werden.

9.3 Prüfen des Betons

Vor Beginn der Ausführung ist durch Eignungsprüfungen auszuprobieren, ob die Zusammensetzung des Betons für diesen Anwendungsbereich geeignet ist. Die erforderlichen Betonprüfungen sind nicht sehr umfangreich.

Während der Bauausführung sind für den Nachweis der Güte des Betons Probekörper zur Druckfestigkeitsprüfung und Wasserundurchlässigkeitsprüfung herzustellen. Die Konsistenz des Betons ist zu kontrollieren.

Nach dem Ausschalen der Dachdecke ist die Dichtigkeit des Daches zu prüfen.

9.3.1 Eignungsprüfungen

Die Eignungsprüfungen sind vor Beginn der Arbeitsausführung vorzunehmen (Abschn. 5.1). Es soll dabei festgestellt werden, ob mit der vorgesehenen Betonzusammensetzung und unter den zu erwartenden Verhältnissen an der Einbaustelle die geforderten Eigenschaften des Frischbetons und des Festbetons sicher erreicht werden.

Bei Transportbeton werden diese Eignungsprüfungen vom Transportbetonwerk durchgeführt. Dabei sind besonders folgende Punkte zu beachten und zwar sowohl für Beton B I als auch B II:

☐ Wirksamkeit der Betonzusatzmittel,

☐ Konsistenz und Verzögerungszeit für die Verarbeitung,

☐ Druckfestigkeit für B 25,

☐ Wasserundurchlässigkeit mit höchstens 50 mm Eindringtiefe nach DIN 1048.

Die Ergebnisse der Eignungsprüfungen müssen vor Betonierbeginn vorliegen.

9.3.2 Güteprüfung

Die Güteprüfung soll während der Bauausführung zeigen, daß der Beton die geforderten Frischbetoneigenschaften besitzt und die nötigen Festbetoneigenschaften an Probekörpern erreicht hat.

Der Lieferschein ist auf die richtigen Angaben zu überprüfen und zwar unbedingt vor Beginn des Entladens. Damit soll sichergestellt werden, daß nur der bestellte Beton tatsächlich eingebaut wird. Irrtümer sollen ausgeschlossen werden. Bei der Überprüfung ist zu achten auf:

☐ Festigkeitsklasse,

☐ Wasserundurchlässigkeit,

☐ w/z-Wert,

☐ Zementgehalt,

☐ Wassergehalt,

☐ Konsistenz.

Die Konsistenz ist bei jeder Lieferung nach Augenschein zu überprüfen. Beim ersten Einbringen und beim Herstellen der Probekörper ist das Ausbreitmaß festzustellen (s. Abschnitt 5.2.1).

Die Druckfestigkeit soll nach DIN 1045 bei Beton B I an mindestens drei Probekörpern geprüft werden. Hierzu sind verteilt über die Betonierzeit Würfel mit 20 cm oder 15 cm Kantenlänge herzustellen. Sie sind nach der Herstellung mit Folie oder feuchten Tüchern abzudecken, bei 20 °C erschütterungsfrei zu lagern, am dritten Tag auszuschalen und am besten unter Wasser von ≈ 20 °C bis zum Alter von 7 Tagen zu lagern. Danach sollen die Probekörper an zugfreier Luft bei ≈ 20 °C bis zur Prüfung am 28. Tag gelagert werden. Die Prüfung wird in einer Prüfstelle W durchgeführt. Darüber erhält die Baustelle einen Prüfbericht. Einzelwerte sollen nicht unter 25 N/mm^2, der Mittelwert nicht unter 30 N/mm^2 liegen.

Die Wasserundurchlässigkeit wird nach DIN 1048 an drei Probekörpern von 20 cm × 20 cm × 12 cm Größe geprüft. Die Herstellung erfolgt in besonderen Formen, und zwar nicht flachliegend, sondern stehend. Sofort nach dem Entformen ist eine der großen Flächen mit einer Drahtbürste in der Mitte kreisförmig ⌀ 10 cm aufzurauhen. Die Lagerung erfolgt wie bei den Probekörpern für die Druckfestigkeitsprüfung, jedoch bis zur Prüfung am 28. Tage unter Wasser. Die Wassereindringtiefe darf im Mittel an drei Probekörpern nicht größer als 50 mm sein.

9.3.3 Dichtigkeitsprüfung

Nach dem Ausschalen der Dachdecke und der Randaufkantung wird die wannenförmig ausgebildete Dachkonstruktion mit Wasser gefüllt; wenn nicht schon zur Nachbehandlung Wasser aufgebracht wurde.

Es soll damit die Dichtigkeit der Dachdecke nachgewiesen werden. Nach zwei Tagen findet eine Kontrolle statt.

9.4 Fertigstellung des Daches

Schon einen Tag nach dem Betonieren ist das Dach dicht. Das ist ein wesentlicher Vorteil. Das Dach soll sofort geflutet werden (siehe Abschnitt 5.2.7). Die Wasserschicht soll zum Schutz des Betons bis zum Aufbringen der Dämmschicht stehen bleiben (siehe Abschnitt 9.4.4).

9.4.1 Dachaufbauten

Schornsteinköpfe, Dachausstiege, Lichtkuppeln, Antennenmasten oder die Gesimsausbildung können fertiggestellt werden. Beschädigungen der Dachkonstruktion, die zu Undichtigkeiten führen, sind beim Arbeiten auf dem Dach nicht möglich. Die überall umlaufenden Aufkantungen verhindern ein Einlaufen von Wasser.

9.4.2 Entwässerung

Die Dachgullys für die Entwässerung können in die einbetonierten Rohre eingesetzt werden. Wichtig ist, daß das Sieb jeweils aufgebracht wird, damit später keine Verstopfungen entstehen.

Die Kanalentlüftungen erhalten einen Kunststoffaufsatz, der ebenfalls in das einbetonierte Rohr paßt.

9.4.3 Fugenabdichtung

Fugen unterteilen eventuell die Dachfläche in mehrere Bauabschnitte (s. Abschnitt 4.8). Bei mehreren Abschnitten oder bei Anschlüssen an andere Baukörper ist zusätzlich zu den eingebauten Fugenbändern der obere Fugenbereich zu schließen. Dazu wird ein Schaumstoffstreifen eingelegt, worauf die Fugendichtungsmasse aufgespritzt wird (s. Bild 20). Eine andere Möglichkeit ist das Überkleben der Fuge in der Mittelaufkantung durch eine Folienabdeckung mit Dehnungsschlaufe (s. Bild 21).

9.4.4 Wärmedämmplatten

Bis zum Verlegen der Dämmplatten sollte das Wasser, das für die Dichtigkeitsprüfung aufgefüllt wurde, auf dem Dach stehen bleiben. Die Wärmedämmplatten können auf verschiedene Arten auf die fertige Stahlbetondecke aufgebracht werden: lose verlegt, geklebt oder genagelt.

Die Dämmschicht wird an den Aufkantungen hochgezogen bis zum Außenrand des Daches. Die lotrechten Seiten der Aufkantungen können durch Dämmplatten geschützt werden, die schon vor dem Betonieren in die Schalung gestellt wurden und als verlorene Schalung dienen (Bild 52).

Polystyrol-Extruderschaumplatten sollen mindestens 80 mm dick sein. Sie haben einen umlaufenden Stufenfalz. Die Platten werden lose auf der Stahlbetondecke verlegt und zwar mit dichten Fugen. Gegen Wegwehen werden sie durch die sofort aufzubringende Kiesschicht gehalten.

An den Unterseiten von auskragenden Bauteilen oder an lotrechten Flächen können die Platten als verlorene Schalung mit einbetoniert werden.

Im Bereich der Aufkantung und der Deckenstirnseiten können besondere Kunststoffnägel die Platten halten. Die Nägel werden in Bohrungen geschlagen, die man durch die Dämmplatten in die Stahlbetonkonstruktion bohrt.

9.4.5 Kiesschüttung

Sofort nach dem Verlegen der Wärmedämmplatten soll die Kiesschicht geschüttet werden. Dadurch werden die Dämmplatten gegen Wegwehen durch Wind und gegen direkte Sonnenbestrahlung geschützt. Für die Kiesschüttung ist möglichst heller Kies der Korngruppe 16/32 mm zu verwenden. Sie ist gleichmäßig mindestens 6 cm dick aufzubringen (Bild 52). Bei Gebäuden mit Traufhöhen von mehr als 8 m über Gelände sind in den Rand- und Eckbereichen Betonplatten erforderlich (s. Abschnitt 8.11).

9.4.6 Dachrandabschluß

Im Zusammenhang mit dem Aufbringen der Kiesschüttung ist der Dachrandabschluß herzustellen. Die Montage ist je nach Art des verwendeten Materials (Stahlbetonfertigteile, Asbestzementblenden, Leichtmetall- oder Kunststoffprofile) und je nach Befestigungsart (Anker, Bolzen, Dübel) durchzuführen (siehe Abschnitt 8.6). Die Bilder 54 bis 58 zeigen die Ausführungsart.

Der Außenbereich des Daches ist damit fertiggestellt.

9.4.7 Putz oder Deckenverkleidung

Die Deckenunterseite wird durch die Stahlbetondecke gebildet.

Tapezierfähiger Sichtbeton kann bei Fertigplatten mit Ortbetonschicht oder auch bei Ortbetondecken hergestellt werden. Lediglich die Stöße sind nachzuarbeiten und zu spachteln.

Haftputz auf Gipsbasis mit Kunststoffvergütung kann nach ausreichender Erhärtung der Stahlbetondecke in bis zu 10 mm Dicke untergezogen werden. Je nach Rauhigkeit der Betonfläche ist evtl. eine Haftbrücke erforderlich. Die fertige Putzfläche kann geglättet oder gefilzt werden.

Zwischen Decken- und Wandputz darf keine Verbindung entstehen. Die Decke liegt auf Folienlagern oder Gleitlagern. Die Deckenfläche muß sich über dem Wandputz frei bewegen können. Hierzu genügt ein klarer Kellenschnitt zwischen Wand- und Deckenputz. Er soll wenigstens 5 mm breit sein und bis auf die Folie reichen (Bild 52). Es können aber auch besondere Putzprofile verwendet werden, gegen die man den Putz führt (s. Bild 54).

Normaler Deckenputz kann nach vorherigem Anbringen eines rauhen Spritzwurfes angebracht werden. Das ist jedoch aus technischen Gründen meistens unnötig und außerdem aufwendig.

Hierbei ist besonders auf die Trennung zwischen Decken- und Wandfläche zu achten. Die Putzunterseite soll dazu hoch genug liegen, sie muß sich über dem Wandputz und über dem Ringanker frei bewegen können.

Abgehängte *Deckenverkleidungen* können auf verschiedenartige Weise ausgeführt werden. Einschränkungen in irgendeiner Weise bestehen nicht, wenn für eine klare Bewegungsmöglichkeit am Auflager gesorgt wird.

10. Bemessung außengedämmter Dächer

10.1 Tragverhalten

Das Tragverhalten der Dächer mit obenliegender Wärmedämmung ist während der späteren Nutzung günstiger als bei innengedämmten Dächern. Es muß aber der Bauzustand beachtet werden. Bis zum Aufbringen der Wärmedämmschicht ist die Temperaturbeanspruchung so ungünstig wie bei allen Stahlbetondecken im Bauzustand und wie bei Dächern mit Innendämmung während der Nutzung. Es sind Bewegungslager und konstruktive Bewehrung bei Dächern mit Außendämmung ebenfalls von einiger Bedeutung. Man hat damit die Möglichkeit, das Entstehen von Schäden während der Bauzeit zu verhindern.

10.1.1 Längsverformungen

Siehe Abschnitt 6.1.1

10.1.2 Biegeverformungen

Siehe Abschnitt 6.1.2

10.2 Wärmeschutz

Anforderungen an den Wärmeschutz im Winter werden in den zur Zeit gültigen Bestimmungen gefordert:

- ☐ DIN 4108 Wärmeschutz im Hochbau, Teil 1 bis 5 (1981),
- ☐ Gesetz zur Einsparung von Energie in Gebäuden (1977),
- ☐ Verordnung über einen energiesparenden Wärmeschutz bei Gebäuden (1977) mit Ergänzungen.

Forderungen nach einem bestimmten Wärmeschutz im Sommer bestehen nicht. DIN 4108 sieht einige Empfehlungen vor, die jedoch für den Bereich der Flachdächer nicht von Bedeutung sind.

Tafel 25: Erhöhung des errechneten k-Wertes für Dächer mit oberseitiger Dämmung [26]

Anteil des Wärmedurchlaßwiderstandes unterhalb der Dachhaut in % des gesamten Wärmedurchlaßwiderstandes	Erhöhung des k-Wertes Δk in W/(m² K)
0 bis 5	0,08*)
5,1 bis 20	0,06
20,1 bis 40	0,04
40,1 bis 60	0,02
>60	0

*) Dieser Wert ist stets anzusetzen, wenn der Wärmedurchlaßwiderstand der Unterkonstruktion <0,1 m² K/W beträgt.

Das Beispiel in Tafel 28 dient zur Erläuterung.

10.2.1 Stationärer Wärmedurchgang (Winter)

Der stationäre Wärmedurchgang im Winter ist abhängig von der Lage und Anordnung der einzelnen Schichten. Der nach DIN 4108 erforderliche Mindest-Wärmedurchlaßwiderstand $1/\Lambda$ ist für Dachdecken über Aufenthaltsräumen um 10% zu erhöhen [26].

Bei der Berechnung des vorhandenen Wärmedurchgangskoeffizienten k_D ist der errechnete k-Wert um einen Betrag Δk nach Tafel 25 zu erhöhen.

10.2.2 Instationärer Wärmedurchgang (Sommer)

Es ist allgemein bekannt, daß die Wärmeaufnahme durch Sonneneinstrahlung bei Flachdächern kritisch sein kann. Entscheidend hierfür ist das Reflexionsvermögen der obersten Schicht und außerdem die Wärmespeicherfähigkeit der Dachkonstruktion.

Die bekannten „schlechten Erfahrungen" treffen also für dunkle und leichte Dächer zu, nicht aber für massive Betondächer mit heller Kiesschicht.

Die Untersuchungen vom Institut für Bauphysik in Stuttgart [25] zeigen, daß das thermische Verhalten der Betondächer einwandfrei ist. Die Wärmevorgänge sind gekennzeichnet durch die Temperaturamplitudendämpfung und die Phasenverschiebung.

Temperaturamplitudendämpfung η

Durch die Temperaturamplitudendämpfung wird angegeben, in welchem Maße eine außenseitige Temperaturschwankung (Amplitude) durch ein Bauteil gedämpft wird. Nur ein Teil der außen stattfindenden Temperaturschwankung wird innen ankommen.

Das Verhältnis der Innentemperaturamplitude A_i zur Außentemperaturamplitude A_a wird ausgedrückt durch den Dämpfungswert η

$$\eta = A_i/A_a < 1 \qquad (18)$$

In Tafel 26 sind die ermittelten Temperaturamplituden-Dämpfungswerte η für Betonflachdächer mit oberseitiger Dämmschicht zusammengestellt.

Tafel 26: Temperaturamplituden-Dämpfungswerte η für Betonflachdächer mit Außendämmung [25]

Temperaturamplituden-Dämpfungswerte $\eta = A_i/A_a$						
Aufbau: Kies (5 cm) / Dämmschicht / Betondecke						
Deckendicke (cm)	Dämmschichtdicke (Polystyrol) (cm)					
	5	6	7	8	9	10
18	0,025	0,021	0,018	0,016	0,014	0,013
20	0,022	0,019	0,016	0,014	0,013	0,011
22	0,020	0,017	0,014	0,013	0,011	0,010
24	0,018	0,015	0,013	0,011	0,010	0,009
26	0,016	0,013	0,011	0,010	0,009	0,008

Beispiel:

Aus den Dämpfungswerten η der Tafel 26 ist folgendes zu erkennen:

Bei einem Flachdach aus 18 cm Beton mit 10 cm Dämmung und 5 cm Kiesschicht kommen nur 1,3% der äußeren Temperaturschwankung im Innenraum an, da $\eta = 0{,}013$.

Wenn im Laufe eines Sommertages die Temperatur zwischen 15 °C und 35 °C schwankt ($A_a = 20$ Kelvin), kommt innen nur eine Temperaturdifferenz von etwa $^1/_4$ K an der Deckenunterseite an:

$$A_i = \eta \cdot A_a = 0{,}013 \cdot 20 = 0{,}26 \text{ K}$$

Diese Temperaturschwankung ist theoretisch vorhanden, praktisch jedoch nicht feststellbar.

Phasenverschiebung Φ

Die außen wirkende Temperaturschwankung zwischen Tag und Nacht wird für die Innenräume durch die Dachkonstruktion nicht nur stark gedämpft, sondern auch zeitlich verschoben.

Die Phasenverschiebung erreicht Werte von über 8 bis 10 Stunden. Das bedeutet, daß die Hitze des Tages erst mit ihrem stark gedämpften Wert innen eintrifft, wenn die Temperatur außen inzwischen niedriger geworden ist. Diese zeitliche Phasenverschiebung spielt bei der hervorragenden Temperaturamplitudendämpfung dieser Massivdächer keine Rolle.

Tafel 27: Phasenverschiebung Φ für oberseitig gedämmte Betonflachdächer [25]

Deckendicke (cm)	Phasenverschiebungen im Temperaturgang in Stunden					
	Dämmschichtdicke (Polystyrol) (cm)					
	5	6	7	8	9	10
18	8,33	8,44	8,57	8,70	8,85	9,01
20	8,70	8,81	8,93	9,07	9,22	9,38
22	9,10	9,21	9,33	9,46	9,61	9,77
24	9,51	9,63	9,75	9,88	10,03	10,19
26	9,95	10,07	10,19	10,32	10,47	10,63

Aufbau: Kies (5 cm) / Dämmschicht / Betondecke

Beispiel:

Ein Stahlbetondach mit 18 cm Dicke, 10 cm Dämmung und 5 cm dicker Kiesschicht hat eine Phasenverschiebung $\Phi = 9{,}01$ Stunden und eine Temperaturamplitudendämpfung von $\eta = 0{,}013$.

Für den Fall, daß die Dachoberseite um 14 Uhr die größte Erwärmung erfährt, kann diese Temperaturspitze stark gedämpft nach 23 Uhr innen gemessen werden. Wahrnehmbar ist

Tafel 28: Berechnung der Tauwasserbildung während der Frostperiode bei einem Betonflachdach mit oberseitiger Dämmung [14]

1	2	3	4	5	6	7	8	9	10	11	12	13	14	15
	Schichtfolge	s [m]	λ $\left[\frac{W}{mk}\right]$	$\frac{s}{\lambda}; \frac{1}{\alpha}$ $\left[\frac{m^2 K}{W}\right]$	ΔT_n [K]	T [°C]	μ [1]	N $\left[\frac{ms\,Pa}{kg}\right]$	R_D $\left[\frac{m^2 s\,Pa}{kg}\right]$	Δp_n [Pa]	p_{tr} [Pa]	p_s [Pa]	p_f [Pa]	Bemerkungen
Zustand Frostperiode	Raumluft			0,13	1,2	+20,0					1170	2340	1170	$\varphi_i = 50\%$
						+18,8					1170	2171		zul $\varphi = 92\%$
	Stahlbeton	0,18	2,10	0,09	0,9	+17,9	70	52	655	−277	893	2052		
	Dämmung	0,10	0,035	2,86	27,5	− 9,6	300	54	1620	−685	208	269		
	Kiesschicht	0,06	–	–	–	− 9,5								
	Außenluft			0,04	0,4	−10,0		10^8	10^8		208	260		$\varphi_a = 80\%$
	Summe	0,34		3,12	30,0				2275	−962				

Da an jeder Stelle der Dachdecke

$p_s > p_{tr}$,

kann keine Tauwasserbildung entstehen.

Wärmedurchlaßwiderstand:

vorh $\frac{1}{\Lambda} = 0{,}09 + 2{,}86 = 2{,}95 \,\frac{m^2 K}{W} >$ erf $\frac{1}{\Lambda}$ (s. Abschn. 10.2.1)

erf $\frac{1}{\Lambda} = 1{,}10 + 10\% = 1{,}21 \,\frac{m^2 K}{W}$ (vgl. Tafel 7)

Wärmedurchgangskoeffizient:

vorh $k = \frac{1}{3{,}12 + 0{,}08} = 0{,}40 \,\frac{W}{m^2 K} <$ zul k (vgl. Tafel 7 und 25)

zul $k = 0{,}79$ bzw. $= 0{,}45 \,\frac{W}{m^2 K}$ (vgl. Tafel 7)

die Temperaturzunahme innen nicht, da die Dämpfung sehr stark ist. Es kommen innen nur 1,3% der Außentemperaturdifferenz an.

Die vorgestellten Massivdächer verhalten sich sehr günstig; leichte Flachdächer sind hinsichtlich Temperaturdämpfung und Phasenverschiebung dagegen ungünstig.

10.3 Feuchteschutz

In bauphysikalischer Hinsicht haben Flachdächer mit oberseitiger Dämmung ein günstiges Verhalten. Dies gilt für Wassereinwirkung von außen und insbesondere für Dampfbeanspruchung von innen.

10.3.1 Wasserundurchlässigkeit

Siehe Abschnitt 6.3.1

10.3.2 Wasserdampfdiffusion

Siehe Abschnitt 6.3.2

10.3.3 Tauwasserbildung

Die Berechnung der Tauwasserbildung während einer Frostperiode zeigt, daß an keiner Stelle Tauwasser ausfallen kann. Das ist selbst bei den äußerst ungünstigen Annahmen, die für die Berechnung getroffen wurden, nicht der Fall (siehe Tafel 28).

Bei massiven Tragkonstruktionen, wie sie die Betonflachdächer darstellen, spielt auch ein Unterströmen durch Niederschlagswasser keine Rolle. Untersuchungen des Instituts für Bauphysik in Stuttgart zeigen das deutlich. Gefährdet sind z. B. leichte Dächer, die als Umkehrdächer ausgebildet wurden (s. Bild 53).

Betonflachdächer mit oberseitiger Dämmung sind wegen ihrer Wärmespeicherfähigkeit und ihrer Temperaturträgheit auch bei ungünstigen Witterungsbedingungen vollkommen sicher gegen Tauwasserbildung.

10.4 Schallschutz

Siehe Abschnitt 6.4

Die kritische Beeinflussung der Schallängsleitung innerhalb des Gebäudes, wie sie bei unterseitiger Dämmung eine Rolle spielen kann, ist hier unbedeutend (s. Abschnitt 6.4.1).

10.5 Brandschutz

In der Bauordnung der Länder wird von Dachdecken eine Feuerbeständigkeit nicht gefordert; sie gilt für Geschoßdecken. Aber Dächer aus Stahlbeton mit oberseitiger Dämmung und Kiesschicht sind feuerbeständig. Sie entsprechen der Feuerwiderstandsklasse F 90 nach DIN 4102 mindestens.

Es sind jedoch die erforderlichen Mindestachsabstände der Bewehrung zur beflammten Oberfläche einzuhalten (s. Tafel 21, S. 75).

Die Dämmschicht auf der Dachoberseite sollte der Baustoffklasse B 2 nach DIN 4102 entsprechen. Sie sind damit nicht leicht entflammbar. Mit dem zusätzlichen Schutz durch die Kiesschicht stellen die Dächer auf diese Weise keine Belastung für die Umgebung dar. Sie gelten als widerstandsfähig gegen Flugfeuer und strahlende Wärme entsprechend DIN 4102 Teil 7 (harte Bedachung).

11. Zusammenfassung für außengedämmte Dächer

Zweifellos gehören Flachdächer aus Beton einer besonderen Konstruktionsweise an. Im allgemeinen Hochbau ist es ungewöhnlich, Bauteile so zu lagern, daß sie sich bewegen können. Stahlbetonflachdächer werden auf Folienlagern oder Gleitlagern gelagert.

Durch die weitgehend zwängungsfreie Lagerung der Dachdecke können Temperatureinflüsse (Sonne, Frost) ohne nennenswerten Zwang aufgenommen werden. Es können auch bei extremen Beanspruchungen keine Schäden am Dach und an den Wänden darunter entstehen.

Sehr ungewöhnlich ist es, daß das Stahlbetondach außer der tragenden Funktion auch die dichtende Aufgabe übernimmt. Eine zusätzliche Abdichtungshaut ist überflüssig. Die Dachdecke wird aus wasserundurchlässigem Beton hergestellt; das Dach ist damit wasserdicht, und zwar schon einen Tag nach dem Betonieren. Undichtigkeiten können nach der Fertigstellung des Daches nicht mehr entstehen.

Die oberseitige Dämmung kann aus extrudierten Polystyrol-Hartschaumplatten hergestellt werden. Die Dämmplatten können lose und direkt auf der Betondecke aufliegen oder mit 10 mm Abstand verlegt und mit Kunststoffnägeln befestigt werden. Ein Unterströmen der Dämmplatten durch Regenwasser ist unbedeutend.

Flachdächer aus Beton mit oberseitiger Wärmedämmschicht sind einwandfrei funktionsfähig, sicher und dauerhaft, da sie einfach sind. Sie bestehen im wesentlichen aus drei Schichten:

- [ ] Oberflächenschutz durch 6 cm Kiesschicht,
- [ ] Wärmedämmschicht aus mindestens 8 cm, besser 10 cm, extrudiertem Polystyrol-Hartschaum,
- [ ] Dachdecke aus 18 cm Stahlbeton.

Zur vollen Funktionsfähigkeit der Dachdecke gehört die Lagerung auf Folienlagern oder Gleitlagern über einem Ringanker.

11.1 Stichworte für die Planung

- [ ] *Ringanker* aus Stahlbeton auf allen tragenden Wänden;
- [ ] *Folienlager* oder *Gleitlager* als Punktlager (s. Tafel 22);
- [ ] *Festhaltebereich* möglichst in Flächenmitte;
- [ ] *Betondachdecke* aus wasserundurchlässigem Beton B25 mindestens 18 cm dick mit Bewehrung;
- [ ] *Mindestbewehrung* zweiachsig oben durchgehend $A_s \geqq 0,0015\, A_s$;
- [ ] *Randaufkantung* aus Beton mindestens 10 cm über Deckenoberkante;
- [ ] *Fugen* zur Unterteilung großer Dachflächen mit Aufkantung und Fugendichtung nach Tafel 22;

☐ *Wärmedämmschicht* mindestens 8 cm, besser 10 cm dick, aus Polystyrol-Extruderschaumplatten DIN 18 164 PS-WD-035-B 2;

☐ *Dachrandabschluß* durch Stahlbetonfertigteile, Asbestzementblenden, Leichtmetallprofile oder Brüstungselemente;

☐ *Kiesschicht* mindestens 6 cm dick aus hellem Kies 16/32 cm als thermische Pufferschicht;

☐ *Betonplattenbelag* bei hohen Gebäuden in Rand- und Eckbereichen.

11.2 Stichworte für die Ausführung

☐ *Eignungsprüfungen* für die Betonzusammensetzung;

☐ *Ringanker* aus Stahlbeton als Deckenauflager 1 cm unter Deckenunterkante;

☐ *Bewehrung* für Ringanker mit Übergreifungslänge an den Stößen mit Schlaufen an den Ecken;

☐ *Oberfläche* des Ringankers horizontal und eben;

☐ *Rundstahlanker* für Festhaltebereich;

☐ *Deckenschalung* 1 cm über Oberkante Ringanker;

☐ *Folienlager* oder *Gleitlager* mit Schaumstoffbahn und oberseitiger Folie;

☐ *Bewehrung* und Zulagebewehrung an Öffnungen für Dachausstiege, Lichtkuppeln, Schornsteine, an einspringenden Ecken, an Schlitzfugen;

☐ *Einbauteile,* wie Dachentwässerungen, Kanalentlüftungen, Antennen, Installationsteile, Lichtkuppeln, werden mit einbetoniert;

☐ *Aussparungen* zum späteren Einsetzen der Einbauteile sind unzulässig;

☐ *Stemmarbeiten* durch vorheriges Überlegen unbedingt vermeiden;

☐ *Dübel* zum Befestigen verschiedener Teile können eingebohrt werden, möglichst jedoch in den Aufkantungen;

☐ *Beton* B25 als wasserundurchlässigen Beton mit hohem Frostwiderstand nach DIN 1045 bestellen, einschließlich Betonverflüssiger und Verzögerer;

☐ *Betonverarbeitung* zügig ohne Unterbrechung;

☐ *Randbereich* für Aufkantung vorweg betonieren;

☐ *Aufkantung* am selben Tag mitbetonieren;

☐ *Abkühlen* und Austrocknen durch Abdeckungen verhindern;

☐ *Nachverdichtung* am nächsten Tag durch Rüttelplatte oder Flügelglätter beim Fertigstellen der Betonoberfläche;

☐ *Nachbehandlung* des Betons durch Aufbringen von Wasser;

☐ *Güteprüfung* durch Wasserfüllung und Kontrolle nach zwei Tagen;

☐ *Wärmedämmplatten* aufbringen und sofort gegen Wegwehen sichern;

☐ *Deckenrandabschluß* fertigstellen;

☐ *Kiesschicht* mindestens 6 cm möglichst bald nach Beendigung der anderen Arbeiten aufbringen.

Teil III: Anhang

12. Leistungsbeschreibung für Flachdächer aus Beton

Die folgende Leistungsbeschreibung ist als Beispiel für die Ausführung von Betonflachdächern anzusehen.

Es wird davon ausgegangen, daß die Dämmung für die Dachkonstruktion an der Unterseite liegt.

Die Herstellung und Verarbeitung des wasserundurchlässigen Betons kann wahlweise unter den Bedingungen für Betongruppe B I oder B II erfolgen (siehe OZ 16).

Die Leistungen sind getrennt nach Beton, Schalung, Bewehrung.

Der Leistungsbeschreibung liegen zugrunde:

- ☐ DIN 1045 Beton und Stahlbeton, Bemessung und Ausführung, Ausgabe 1978; mit den zugehörigen Normen.

- ☐ DIN 18331 Beton- und Stahlbetonarbeiten, VOB Teil C, Verdingungsordnung für Bauleistungen, Ausgabe 1979.

- ☐ StLB 013 Standardleistungsbuch für das Bauwesen, Leistungsbereich 013, Beton- und Stahlbetonarbeiten, Ausgabe 1973.

Die Texte aus dem Standardleistungsbuch für die angegebenen Standardleistungsnummern (StL-Nr.) sind in normaler Schrift wiedergegeben.

Textergänzungen sind in größerer Schrift geschrieben.

Zusatztexte, die keine Standardleistungsnummern erhalten, sind kursiv gesetzt.

Textergänzungen und *Zusatztexte* sind mit einem Randstrich versehen.

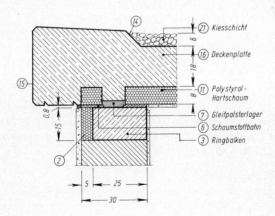

OZ	Menge	Text	Einheits-preis		Gesamt-preis	
			DM	Pf	DM	Pf
1	m²	StL-Nr. 73 013 213 19 10 00 11 Schalung des Ringbalkens. Mit rechteckigem Querschnitt. | 15 cm hoch. Als rauhe Schalung. | Höhe der Betonunterseite 2,50 m.				
2	m²	StL-Nr. 73 013 667 99 59 01 81 Verkleidung (durch Einlegen in die Schalung) der Ringbalkenaußenseite, Einbau in Streifen, Breite 15 cm, aus Schaumkunststoff-Platten DIN 18164, | Typ PS-WD-030-B1 Polystyrol-Hartschaum, einseitig profiliert, | Dicke 50 mm. Erzeugnis: _____				
3	m³	StL-Nr. 73 013 066 11 10 22 11 Ortbeton des Ringbalkens, Unterseite waagerecht, obere Betonfläche waagerecht, aus Normalbeton. Stahlbeton B25. | Querschnitt 25 × 15 cm.				
4	St	StL-Nr. 73 013 799 01 00 00 83 Einbauteil: Anker für den Festpunkt der Decke Rundstahl ⌀25 mm, 200 mm lang aus BSt I oder BSt III in den Beton des Ringankers lotrecht stehend 100 mm tief einbetonieren, Ausführung gemäß Zeichnung.				
5	m²	StL-Nr. 73 013 151 12 01 01 Frischbetonoberfläche der Ringbalken abreiben.				
6	m²	StL-Nr. 73 013 670 11 99 08 01 Gleitlager auf Beton, einschl. Vorbereitung der Auflagerfläche. Lager aus oberseitiger Folie, Unterseite mit Schaumstoffbahn 8 mm, mit ausgestanzten Einlegeöffnungen für Gleitpolsterlager, Breite 300 mm.				

OZ	Menge		Text	Einheits-preis		Gesamt-preis	
				DM	Pf	DM	Pf
7		St	StL-Nr. 73 013 671 11 10 11 01 Gleitpolsterlager auf Beton, einschl. Vorbereitung der Auflagerfläche. Lageraufbau: Kunstharz-Trägerplatte, Gleitschicht, Stabilisierungsschicht, Grundplatte, Abmessungen: rechteckig oder rund. Auflast: 30 kN.				
8		m²	StL-Nr. 73 013 240 10 00 00 11 Schalung der Deckenplatte. Als rauhe Schalung. Höhe der Betonunterseite 2,75 m.				
9		St	StL-Nr. 73 013 818 00 00 01 63 Bauteil: gußeiserne Muffenrohre mit eingestecktem Kunststoffrohr Nennweite 100 mm, für Dachgullys, Kanalentlüftungen usw. Vom Auftraggeber beigestellt, auf der Baustelle lagernd, in die Schalung einbauen.				
10		St	StL-Nr. 73 013 818 99 00 01 63 Bauteil: Aufsatzkränze aus Kunststoff für Lichtkuppeln und Dachausstiege 50 cm hoch, Abmessungen der Einbauöffnung 90×120 cm. Vom Auftraggeber beigestellt, auf der Baustelle lagernd, in die Schalung einbauen.				
11		m²	StL-Nr. 73 013 667 80 59 01 81 Verkleidung (durch Einlegen in die Schalung) der Deckenplatten, aus Schaumkunststoff-Platten DIN 18164, Typ PS-WD-030-B1, einseitig profiliert, Dicke 80 mm, mit umlaufendem Hakenfalz. Erzeugnis: _____				
12		t	StL-Nr. 73 013 640 42 10 11 01 Betonstabstahl III K, Durchmesser über 10 bis 20 mm, Längen bis 14 m, für Bauteile aus Ortbeton, liefern, schneiden, biegen und verlegen.				

OZ	Menge	Text	Einheits-preis		Gesamt-preis	
			DM	Pf	DM	Pf
zu 12		Abstandhalter für die untere Bewehrung mit großer Aufstandfläche für 1,5 cm Betondeckung. Öffnungen zum Einbringen des Betons und Rüttellücken freihalten.				
13	t	StL-Nr. 73 013 645 03 21 14 01 Betonstahlmatten IV R, Ausführung als Listenmatten, mit quadratischer Stabanordnung, für Bauteile aus Ortbeton, liefern, schneiden und verlegen. Abstandhalter für die untere Bewehrung mit großer Aufstandfläche für 1,5 cm Betondeckung. Abstandhalter für die obere Bewehrung aus Stahlgitterträgern, die auf der unteren Bewehrung liegen.				
14	m²	StL-Nr. 73 013 218 40 10 81 01 Schalung der Aufkantung. Mit trapezförmigem Querschnitt. Als rauhe Schalung. Schalung gemäß Zeichnung Nr. _____ (Aufkantung am Deckenrand, Innenseite)				
15	m²	StL-Nr. 73 013 228 62 23 01 Schalung der Aufkantung. Als glatte gespundete Schalung für sichtbar bleibende Betonflächen einschl. zusätzlicher Maßnahmen beim Einbringen des Betons. Betonoberfläche absatzfrei und möglichst porenlos. Schalung aus waagerecht angeordneten Brettern gleicher Breite. (Außenseite der Aufkantungen am Dachdeckenrand mit Deckenstirnseite)				
16	m³	StL-Nr. 73 013 090 11 11 22 18 Ortbeton der Deckenplatte, Unterseite waagerecht, obere Betonfläche waagerecht, aus Normalbeton als wasserundurchlässiger Beton, Stahlbeton B 25, Plattendicke 18 cm.				
17	m³	StL-Nr. 73 013 081 21 11 22 01 Ortbeton der Aufkantung an Deckenplatten der OZ 16, aus Normalbeton als wasserundurchlässiger Beton, Stahlbeton B 25.				

OZ	Menge	Text	Einheits-preis		Gesamt-preis	
			DM	Pf	DM	Pf
18	m³	StL-Nr. 73 013 154 31 91 90 02 Zulage zum Ortbeton der Decken und Aufkantungen für Betonzuschläge mit hohem Frostwiderstand, Größtkorn: 32 mm. Für Zusatzmittel: Erstarrungsverzögerer VZ für 20 Stunden, Fließmittel BV für Vergrößerung des Ausbreitmaßes um 12 cm.				
19	m²	StL-Nr. 73 013 151 14 11 02 Frischbetonoberfläche der Decken eben abziehen, maschinell glätten. Besondere Anforderungen: Das maschinelle Glätten soll am Tag nach dem Betonieren stattfinden und eine Nachverdichtung des Betons bewirken. Aufsprühen eines Nachbehandlungsfilms bald nach Fertigstellung der Oberfläche, danach 7 Tage lang 5 cm hoch unter Wasser setzen.				
20	m²	StL-Nr. 73 013 151 18 03 02 Frischbetonoberfläche der Aufkantungen abreiben und glätten. Besondere Anforderungen: Das Entfernen der inneren, geneigten Schalung sowie das Nacharbeiten, Abreiben und Glätten der Betonoberfläche erfolgt am Tag nach dem Betonieren.				
21	m²	*Kiesschicht auf Betondecke zwischen den Aufkantungen aus hellem Kies 16/32 mm, liefern und aufbringen, Dicke 60 mm.*				

13. Schrifttum

[1] DIN 1045 Beton- und Stahlbeton, Bemessung und Ausführung (1978)
[2] DIN 1048 Prüfverfahren für Beton (1978)
[3] DIN 1053 Mauerwerk, Ingenieurmäßig bemessene Bauten, Berechnung und Ausführung, Teil 2 (Entwurf 1981)
[4] DIN 4102 Brandverhalten von Baustoffen und Bauteilen (1981)
[5] DIN 4108 Wärmeschutz im Hochbau, Teil 1 bis 5 (1981)
[6] DIN 4109 Schallschutz im Hochbau (1979)
[7] DIN 4141 Lager im Bauwesen, Beiblatt zu Teil 3 (Entwurf 1981)
[8] DIN 4235 Verdichten von Beton durch Rütteln (1978)
[9] DIN 18164 Schaumkunststoffe als Dämmstoffe für das Bauwesen, Teil 1 (1979)
[10] DIN 18202 Maßtoleranzen im Hochbau, Teil 5 (1979)
[11] DIN 18331 Beton- und Stahlbetonarbeiten, VOB Teil C (1979)
[12] DIN 18530 Massive Deckenkonstruktionen für Dächer, Richtlinien für Planung und Ausführung (Vornorm 1974)
[13] Berechnung der Schnittgrößen und Formänderungen von Stahlbetonwerken nach DIN 1045. Deutscher Ausschuß für Stahlbeton, Heft 240. Verlag Wilh. Ernst & Sohn, Berlin/München, 1978
[14] Bundesverband der Deutschen Zementindustrie e.V. Köln: Wärmeschutz im Winter, 1978
[15] Bundesverband der Deutschen Zementindustrie e.V. Köln: Bauphysikalische Kennwerte, 1978
[16] Cammerer, J. S.: Wärme- und Kälteschutz in der Industrie. Springer-Verlag, Berlin, 1962
[17] Einführung technischer Baubestimmungen – Massive Dachdeckenkonstruktionen für Dächer. Senator für Bau- und Wohnungswesen, Berlin 1975
[18] Gertis, K.: Neuere bauphysikalische und konstruktive Erkenntnisse im Flachdachbau. Aachener Bausachverständigentage 1979, Bauverlag Wiesbaden
[19] Gertis, K.; Zimmermann, G.: Flachdächer – Feuchteschutz, Wärmeschutz, Schallschutz, Brandschutz. In: Vom Flachdach zum Dachgarten. Forum-Verlag, Stuttgart, 1976
[20] Glaser, H.: Graphisches Verfahren zur Untersuchung von Diffusionsvorgängen. Kältetechnik, Heft 11, 1959
[21] Gösele, K.: Wasserdampfdiffusion im Bauwesen. Bauverlag, Wiesbaden, 1967
[22] Gösele, K.: Raumluft- und Wandfeuchtigkeit. Das Bauzentrum, Heft 1, 1971
[23] Heindl, W.: Neue Methoden zur Beurteilung des Wärmeschutzes im Hochbau. Die Ziegelindustrie, Heft 4, 1967
[24] Hermann, E.: Das Woermann-Umkehrdach. Darmstadt, 1980
[25] Institut für Bauphysik Stuttgart: Untersuchungen über die Temperaturverhältnisse an einem unterseitig gedämmten Betondach ohne und mit oberseitiger Kiesschüttung. Prüfbericht vom 14.11.1974
[26] Institut für Bautechnik Berlin: Zulassungsbescheid Wärmedämmsystem Umkehrdach, 1978

[27] Isterling, U.: Dachbegrünung in der Stadtmitte. Deutsche Bauzeitung Heft 4, 1979
[28] Kießl, K.; Gertis, K.: Der Wärmehaushalt des Umkehrdaches beim Unterströmen der Dämmplatten. Die Bautechnik Heft 3, 1979
[29] Künzel, H.: Raumluft- und Wandfeuchtigkeit. Das Bauzentrum, Heft 1, 1971
[30] Künzel, H.: Untersuchungen über die Temperaturverhältnisse an einem unterseitig gedämmten Betondach ohne und mit Kiesschüttung. Institut für Bauphysik, Stuttgart, 1974
[31] Liesecke, H.-J.: Grünflächen auf Flachdächern, Dach- und Terrassengärten. In: Moderne Flachdachtechnik. Forum-Verlag, Stuttgart, 1976
[32] Lohmeyer, G.: Baustatik Teil 1 Grundlagen und Teil 2 Festigkeitslehre. Teubner-Verlag Stuttgart, 1980 u. 1981
[33] Lohmeyer, G.: Stahlbetonbau – Bemessung, Konstruktion, Ausführung. Teubner-Verlag, Stuttgart, 1980
[34] Ludowigs, K. G.: riluform-Dach, Das perfekte Flachdach. Wülfrath, 1978
[35] Luz, H.: Dachbegrünung – eine Notwendigkeit. Deutsche Bauzeitung Heft 4, 1979
[36] Meyer-Ottens, C.: Brandverhalten von raumabschließenden Bauteilen. Zentralblatt für Industriebau Heft 9, 1972
[37] Pfefferkorn, W.: Dächer mit massiven Deckenkonstruktionen, Grundlagen für die Ausbildung und Bemessung der Tragkonstruktion. Das Baugewerbe Heft 1 und 2, 1970
[38] Pfefferkorn, W.: Konstruktive Planungsgrundsätze für Dachdecken und ihre Unterkonstruktionen. Das Baugewerbe, Heft 18 und 21, 1973
[39] Quinting, F.: Q-Systeme. Münster, 1981
[40] Schüle, W.; Gösele, K.: Schall – Wärme – Feuchtigkeit. Bauverlag Wiesbaden, 1979
[41] Seiffert, K.: Wasserdampfdiffusion im Bauwesen. Bauverlag, Wiesbaden, 1967
[42] Stemmer, K.: Sperrbetonflachdächer – Grundgedanke, Geschichte und Entwicklungsstand. Die Bautechnik, Heft 1, 1976
[43] Stemmer, K.: Bauphysikalische Eigenschaften von Sperrbetonflachdächern. Die Bautechnik, Heft 2, 1976
[44] Stemmer, K.: Konstruktionsformen der Roh-, Ober- und Unterdecke von Sperrbetonflachdächern. Die Bautechnik, Heft 4, 1976
[45] Stemmer, K.: Grundlagen der Konstruktionen, Ausbildung von Sperrbetonflachdächern. Betonwerk + Fertigteil-Technik, Heft 6, 1979
[46] Verein Deutscher Zementwerke: Zement-Taschenbuch 1979/80, Bauverlag GmbH, Wiesbaden
[47] Woermann GmbH: Beton im Flachdach, Sicherheit bei einem neuen Konstruktionsprinzip. Darmstadt
[48] Woermann GmbH: Merkblatt für Planung und konstruktiven Entwurf. Darmstadt, 1980
[49] Woermann GmbH: Merkblatt für die Ausführung. Darmstadt, 1978
[50] Zimmermann, G.: Flachdächer – Berichte zum Stand der Technik. Fachbereich Baukonstruktion der Universität. Stuttgart, 1978

14. Sachwortverzeichnis

Abdecken des Betons 51, 95
Abdichtung 54, 97
Abflüsse 31, 88
Abgehängte Decke 41, 56
Abläufe 31, 88
Abmessungen 24
Abschluß des Daches 25, 85
Abstandhalter 41
Abziehlehren 44, 92
Amplitudendämpfung 64, 101
Anker 18, 20, 81
Anschlüsse 88
Antenne 31, 33
Arbeiten vor dem Betonieren 38, 91
Attika 26
Aufbauten 54, 97
Aufkantung 25, 42, 49, 61, 84, 92
Auflager 38, 81
Auflast 90
Ausführung außengedämmter Dächer 91
Ausführung innengedämmter Dächer 37, 79
Außenlärm 73
Außenseitige Dämmung 81
Ausschalen 52, 95
Ausstieg 30
Austrocknungszeit 71

Beanspruchung 15
Befahrbare Dächer 12
Befeuchtungsperiode 68
Begehbare Dächer 12
Bekleidung 54, 75, 98
Belag 35, 90
Beläge für genutzte Dächer 35
Bemessung außengedämmter Dächer 100
Bemessung innengedämmter Dächer 57
Bepflanzte Dächer 12, 35
Bestellen des Betons 46, 93
Betondachdecke 22, 82
Betonieren 45, 93

Betoniervorgang 48, 94
Betonsteinpflaster 35
Betonzusammensetzung 46, 93
Bewehrung 41, 92
Biegeverformungen 60, 100
Brandschutz 74, 104
Brandwände 21, 40
Brüstung 26

Dachaufbauten 54, 97
Dachausstieg 30
Dachdecke 22, 82
Dachgully 32, 89
Dachrand 25, 85, 98
Dachterrasse 33
Dämmschicht 21, 76, 84
Dampfdiffusion 66, 70, 104
Deckenauflager 38, 81, 91
Deckenelemente 91
Deckenschalung 39, 91
Deckenverkleidung 54, 75, 98
Dehnfuge 24, 29, 88
Dichtung 54, 97
Dichtigkeitsprüfung 53, 97
Diffusion 66, 70, 104
Dränschicht 35
Dübel 20
Durchführungen 31, 88

Ebenheitstoleranz 92
Eckbewehrung 23
Eignungsprüfungen 52, 96
Einbauteile 43
Einmischen der Zusätze 48, 93
Elektroleitungen 31
Entlüftung 32, 44
Entwässerung 32, 54, 97
Extruderschaumplatten 21, 76, 84

Fertigstellung 54, 97
Festhaltebereich 19
Feuchteschutz 66, 104
Feuchträume 69
Feuerwiderstand 75

Filterschicht 36
Folienlager 82
Formänderungen 57
Frostperiode 68
Frostwiderstand 22
Fugen 26, 54, 87, 97
Fugenabdichtung 54, 97

Gehwegplatten 34
Gleitlager 19, 39, 91
Großflächenplatten 35
Güteprüfung 53, 96

Hofkellerdecken 33
Hydratationsgrad 67

Innseitige Dämmung 17
Installationsteile 43
Instationärer Wärmedurchgang 63, 101

Kabeldurchführung 32
Kamin 30
Kapillarporosität 67
Kiesschicht 31, 54, 89, 98
Konsistenz 46, 93
Konstruktion 17, 81
Kragplatte 28
k-Wert 62, 100

Lager 19, 38, 81
Längsverformungen 57, 100
Lärmpegel 73
Lehren 44, 92
Leistungsbeschreibung 107
Leistungsverzeichnis 107
Lichtkuppel 30
Luftschall 72, 104
Lüftung 67
Luftwechsel 67

Mehlkorn 46
Mischen des Betons 48, 93

Nacharbeiten 50, 94
Nachbehandlung 51, 95
Nachverdichtung 50, 95
Naßräume 69
Nutzung der Dachfläche 12

Oberflächenschutz 11, 31
Oberseitige Dämmung 81
Öffnungen 30, 88

Pflanzen 35
Pflaster 35
Phasenverschiebung 65, 102
Planung 17, 78, 81, 105
Plattenbelag 74, 90
Porosität des Betons 67
Prüfungen 52, 96
Pufferschicht 33
Pumpbeton 47
Putz 54, 75, 98

Randabschluß 25, 98
Randaufkantungen 25, 84
Randbewehrung 31
Richtlinien 16, 112
Ringanker 18, 39, 81
Rohrdurchführungen 31, 84

Schalfristen 52, 95
Schalldämm-Maß 72
Schallschutz 72, 104
Schalung 39, 91
Schaumglas 21
Scheinfuge 88
Schlitzfuge 28
Schornstein 30

Schutz des Betons 51, 95
Schwinden 58
Seitenverhältnis 23
Sommer 63, 101
Sonneneinstrahlung 32
Standardleistung 107
Stationärer Wärmedurchgang 61, 101
Stelzlager 34

Tauwasserbildung 68, 104
Temperaturamplitudendämpfung 64, 101
Temperaturdehnung 58
Temperaturdifferenzen 33, 64, 83
Terrassen 33
Thermische Pufferschicht 33, 64
Toleranz 92
Tragverhalten 57, 100
Trennwände 21, 29, 73
Treppenhauswände 21
Trittschall 74
Trocknungsperiode 68

Undurchlässigkeit 22, 66, 104
Unebenheit 92
Untergehängte Decke 56

Unterseitige Dämmung 17
Unterströmung 83

Vegetationsschicht 35
Verdichtung des Betons 50, 95
Verformungen 57, 100
Verkleidungen 54, 98
Vorschriften 16, 112

Wärmedämmung 21, 40, 76, 84, 98
Wärmedurchgang 61, 101
Wärmeschutz 61, 100
Wasserbildung 68, 104
Wasserdampfdiffusion 66, 104
Wasserundurchlässigkeit 22, 53, 66, 97, 104
Wasserzementwert 46, 67, 93
Winter 61, 101
Wohnungstrennwände 21, 29

Zementart 46
Zementgehalt 46
Zusammenfassung 77, 105
Zusatzmittel 46, 48, 93
Zuschlag 22, 46